Michael Brandtner

Siegermarken

*In Gedanken und Gedenken an Al Ries
(1926–2022)*

Michael Brandtner

Siegermarken

Die 10 ultimativen Denkmuster zum Marken- und Unternehmenserfolg

Bibliografische Information der Deutschen Nationalbibliothek
Die Deutsche Nationalbibliothek verzeichnet diese Publikation in der Deutschen
Nationalbibliografie; detaillierte bibliografische Daten sind im Internet über
http://dnb.d-nb.de abrufbar.

Hinweis: Wenn aus Gründen der leichteren Lesbarkeit auf eine geschlechtsspezifische
Differenzierung verzichtet wird, gelten entsprechende Begriffe im Sinne der Gleich-
behandlung für alle Geschlechter.

Es wird darauf verwiesen, dass alle Angaben in diesem Fachbuch trotz sorgfältiger
Bearbeitung ohne Gewähr erfolgen und eine Haftung des Autors oder des Verlages
ausgeschlossen ist.

ISBN 978-3-7093-0717-5 (Print)
ISBN 978-3-7094-1358-6 (E-Book-PDF)
ISBN 978-3-7094-1357-9 (E-Book-ePub)

© Linde Verlag Ges.m.b.H., Wien 2024
1210 Wien, Scheydgasse 24, Tel · 01/24 630
www.lindeverlag.at
Satz: Linde Verlag Ges.m.b.H., Wien 2024

Druck und Bindung: Prime Rate Zrt.,
H-1044 Budapest, Megyeri út 53

Inhalt

Einleitung oder was Siegermarken wirklich anders machen

Sie machen mehr Umsatz. Sie machen mehr Gewinn. Sie können höhere Preise durchsetzen. Sie wachsen schneller als der Mitbewerb. Sie haben mehr Marktanteil, erzielen mehr Wertschöpfung für das Unternehmen und haben natürlich einen höheren Markenwert. Sie sind bekannter, beliebter und werden klar bevorzugt. Was aber macht wirklich den großen Unterschied zwischen Siegermarken und dem Rest des Feldes aus?

Diese Frage beschäftigt seit jeher die Management- und Markenwelt. So gesehen ist es nicht verwunderlich, dass viele Manager, Unternehmer, Marken- und Marketingverantwortliche, viele Berater, Agenturen und Experten diese erfolgreichen Siegermarken im Detail studieren. Sie analysieren deren Geschäftsmodell, deren Strategien und vor allem auch deren kreative Umsetzungsmaßnahmen, egal ob analog oder digital. Das Ziel dabei ist es, dass man Benchmarks für die eigene Marke findet, um dann selbst zur Siegermarke zu werden.

Die Benchmark-Falle und …

Nur sollte man dabei immer das Folgende bedenken: Sie können das Geschäftsmodell einer Siegermarke kopieren. Sie können Produkte und Dienstleistungen nachahmen. Sie können dieselben Vertriebswege wählen, dieselben Zielgruppen mit den gleichen Medien ansprechen. Sie können ähnliche Wege in der analogen und digitalen Werbung gehen und zudem können Sie auch auf die teuersten Beratungs-, Design- und Kreativagenturen setzen.

Sie können natürlich auch auf die gleichen Marken- und Strategiemodelle setzen. Dazu gehören aktuell mit Sicherheit die Definition eines „weltrettenden" Purposes, die Entwicklung einer klaren Markenvision, einer Markenmission und natürlich einer allumfassenden Markenidentität. Darauf aufbauend können Sie natürlich dann auch – wie es die aktuelle Theorie empfiehlt – ein Positioning-Statement, also eine Positionierung auf dem Papier oder in der Präsentation, ableiten.

... die Position in der Wahrnehmung

Aber eines können Sie so nicht kopieren, ganz egal wie viel Zeit, Ressourcen und Finanzmittel Sie haben und einsetzen. Das ist die Position der Siegermarke in der Wahrnehmung der Kunden. Nehmen Sie etwa den Markt für Energydrinks: Sie können so gut wie fast alles von Red Bull kopieren. Aber es ist unmöglich, dass man Red Bull die „Original-Energydrink-Position" in der Wahrnehmung des Marktes wegnimmt. Diese Erfahrung mussten nicht nur unzählige Unternehmer und Start-ups machen, sondern auch der Softdrink-Gigant Coca-Cola, egal ob man es mit KMX, Burn oder selbst mit Coca-Cola Energy versuchte.

Genau diese Erfahrung musste auch Microsoft bei Suchmaschinen gegen Google machen, egal ob die Suchmaschine MSN Search oder Bing hieß oder heißt. So gesehen ist auch der Unterschied zwischen Vimeo und TikTok klar. Vimeo wird maximal als eine Art Kopie von YouTube gesehen, TikTok wird nicht als Kopie, sondern als Original und Marktführer bei Kurzvideos wahrgenommen.

Oder nehmen Sie Burger King! Egal ob Burger King auf „vegan" macht, egal ob man auf Premiumburger macht, egal ob man McDonald's einmal mehr oder weniger kopiert, das Hauptproblem bleibt die dominante Position von McDonald's in der Wahrnehmung. So gesehen ist auch klar, warum nicht mehr Burger King sondern Subway und Starbucks mittlerweile die großen Herausforderer von McDonald's in den USA im Fastfood-Markt sind. Sowohl Subway als auch Starbucks besitzen selbst dominante Positionen in der Wahrnehmung der Kunden. Subway steht für Sandwiches, Starbucks für Kaffee.

Siegermarke definiert

Damit können oder sollen wir sogar den Begriff Siegermarke definieren. Eine Siegermarke ist eine Marke, die einen spezifischen Markt zuerst mental und dann tatsächlich dauerhaft wertschöpfend und gewinnbringend dominiert. Siegermarken besitzen mentale und folglich tatsächliche Stärke, die sich in den harten Zahlen, sprich Umsatz, Gewinn und natürlich auch Marktanteil widerspiegelt. Das Prinzip Siegermarke gilt damit aber nicht nur für globale Marken, egal ob B2C oder B2B, es gilt genauso für nationale oder sogar nur regionale Marken.

Entscheidend ist die dominante und wertschöpfende Position in der Wahrnehmung der angesprochenen Kunden und damit folglich am Markt. Das gilt vor allem auch für die sogenannten Start-up-Unternehmen. Viele Start-ups scheitern, weil man in der Menge einfach sang- und klanglos untergeht, egal wie gut und erfolgversprechend die Idee aus Sicht der Gründer war.

Wie man es machen kann, zeigt das Beispiel Facebook. Als Facebook 2004 etabliert wurde, gab es bereits zwei sehr viel größere soziale Netzwerke, nämlich MySpace und Friendster. Aber Facebook bewegte sich sehr geschickt von einer Marktführerschaft zur nächsten. So war man zuerst das führende soziale Netzwerk in Harvard, dann in der Ivy League, dann in amerikanischen Universitäten und dann weltweit. Genau diese Art des Denkens und Handelns sollten heute Start-ups unbedingt berücksichtigen, um sich erfolgreich zu etablieren und durchzusetzen. (In Beratungsprojekten mit Start-ups frage ich daher gerne: Was ist Ihr „Harvard"?)

Selbst zum Benchmark werden

Heißt: Wenn Sie heute über die Zukunft Ihrer Marke oder Ihrer Marken nachdenken, dann spricht einmal nichts dagegen, dass man erfolgreiche Marken und deren Erfolg studiert. Nur sollte man dabei nicht diese Marken selbst als Benchmark sehen, sondern man sollte deren Erfolgsmuster dahinter verstehen, um dann selbst zum Benchmark für andere zu werden.

Genau darum geht es in diesem Buch! Sie werden in diesem Buch viele Beispiele aus der Praxis finden. Dabei werden diese Beispiele nie in Isolation, sondern im mentalen Kontext aus Sicht der Kundenwahrnehmung betrachtet. Das Ziel dieses Buches ist es, Ihre Marke zur Siegermarke zu machen. Dazu präsentierte ich Ihnen die 10 wichtigsten oder sogar ultimativen Denkmuster zum Marken- und Unternehmenserfolg. In diesem Sinne: Stellen Sie sicher, dass Ihre Marke zur Siegermarke wird, und überlassen Sie das klassische Benchmarking getrost anderen!

Kapitel 1

Denkmuster Marktführerschaft (oder die Macht des kollektiven Gedächtnisses)

Noch immer unterschätzen viele Marken- und Unternehmensverantwortliche die Macht der Marktführerschaft. Je härter und unübersichtlicher der Wettbewerb aus Sicht der Kundenwahrnehmung wird, desto wichtiger ist und wird es, dass starke Marktführer für eine klare mentale Rangordnung sorgen.

Eine Führungsposition ist sehr viel stärker als eine Position, die auf den Vorteilen, Eigenschaften oder Nutzen einer Marke beruht: Coca-Cola bei Cola, McDonald's bei Fastfood, Nivea bei Hautcreme, Milka bei Tafelschokolade, Flixbus bei Fernbussen, Nespresso bei Kaffeekapselsystemen, Tesla bei Elektroautos, Amazon im Onlinehandel oder Google bei Suchmaschinen.

Im Neuromarketing spricht man in diesem Kontext auch vom „The winner takes it all"-Effekt. Dieser Effekt gilt im B2C-Marketing genauso wie im B2B-Marketing. Er gilt aber vor allem in der Welt des Internets, die noch stärker als unsere analoge Welt zur „Monopolisierung" neigt.

Nehmen Sie etwa den deutschen Online-Markt. Denken Sie an Vergleichsportale im Internet, denken Sie an Check24, Partnersuche im Internet ist Parship, Matratze im Internet ist Bett1, Mode im Internet ist Zalando und Bank im Internet ist N26. Diese Marken besitzen sowohl in der Wahrnehmung als auch im Internet eine echte Pole-Position.

Trotzdem sind die meisten Marken- und Marketingprogramme heute rund um Produkteigenschaften und deren Vorteile und Nutzen aufgebaut. Das Problem dabei: Wenn sich herausstellt, dass eine Eigenschaft, ein Vorteil oder ein Nutzen für die Kunden extrem wichtig ist, kann dies der Marktführer immer sofort kopieren. Was aber ein Verfolger nie kopieren kann, ist die „Führungsposition" des Marktführers.

Drei Arten von Märkten

Um besser zu verstehen, worum es dabei wirklich geht, sollten wir uns drei Arten von Märkten aus Markensicht ansehen, nämlich geordnete Märkte, teilgeordnete Märkte und ungeordnete Märkte.

(1) Geordnete Märkte: Aktuell ist sicher eines der besten Beispiele dafür der Smartphone-Markt. Denken Sie an Smartphone, denken Sie an iPhone und Samsung Galaxy. Hier gibt es eine klare mentale Hack- oder Rangordnung. Dann folgt mit etwas Nachdenken der Rest des Feldes wie etwa Oppo, Vivo, Xiaomi oder früher auch Huawei.

(2) Teilgeordnete Märkte: Anders sieht es aus, wenn Sie an klassische PCs oder Notebooks mit Windows-Betriebssystem denken. Auch hier fallen Ihnen vielleicht Marken wie HP, Lenovo, Dell oder Acer ein. Der Unterschied zum Smartphone-Markt. Sie haben keine klare Rangordnung im

Kopf. Damit wird – mental gesehen – das Prinzip Marke als Kaufentscheidungskriterium weniger wichtig. Statt einer Lieblingsmarke passt es dann auch, wenn es eine der vier oben genannten PC-Marken ist.

(3) Ungeordnete Märkte: Einer der wahrscheinlich schlimmsten Märkte aus Markensicht war in Bezug auf mentale Ordnung der Markt für Videobeamer. Sie denken Videobeamer und es fällt Ihnen entweder keine konkrete Marke ein oder die, die Sie selbst – aus welchen Gründen auch immer – gekauft oder gerade genutzt haben. Damit spielt die Marke bei der Kaufentscheidung so gut wie keine Rolle mehr. Vielmehr geht es dann nur mehr um bestimme Features oder schlimmer aus Markensicht nur mehr um den tiefen Preis.

Interessant dazu ist, dass aktuell die meisten Markenstrategien eher zur Verwirrung als zur Ordnung beitragen. Das heißt: Statt zu versuchen, mit der eigenen Marke so viel Ordnung wie möglich in den Köpfen der Kunden zu erzeugen, verwirrt man die Kunden mit unzähligen Varianten, ständig wechselnden Botschaften und immer mehr Preisaktionen.

Die zentrale Grundregel dahinter
Je geordneter ein Markt aus Sicht der kollektiven Markt- und Kundenwahrnehmung ist, desto stärker wirkt das Erfolgsprinzip Marke. Je ungeordneter ein Markt aus dieser Kundensicht ist, desto mehr gewinnen andere Faktoren wie etwa Produktfeatures, Empfehlungen, Aktionen, aber vor allem auch der tiefe Preis an Gewicht. Deshalb sollte man Marken nie isoliert betrachten, sondern immer im jeweiligen mentalen Kontext aus Kundenwahrnehmungssicht.

Für einen Manager bei Beiersdorf mag Nivea ein zentraler Bestandteil des Lebens, vor allem des Arbeitslebens sein. Für die Kunden ist Nivea vielmehr nur Antwort auf eine oder auch mehrere Kaufentscheidungen wie etwa die nächste Handcreme, die nächste Sonnencreme oder das nächste pflegende Duschbad. Aber egal wie gerne ein Kunde oder eine Kundin die Marke Nivea hat, sie wird immer nur ein kleiner, meist sehr kleiner Teil des Lebens sein. (Nur ganz wenige Marken im großen Markenuniversum schaffen es wirklich, zum wichtigen Teil des Lebens eines Menschen zu werden. Der Großteil der Marken sollte oder muss froh sein, wenn man zur ersten Wahl bei einer bestimmten Kaufentscheidung wird.)

iPhone, Samsung Galaxy und …

Um das Ganze aber aus Markensicht noch besser zu verstehen, sollten wir uns in das Jahr 2007 begeben. Damals präsentierte Steve Jobs das iPhone, das erste Smartphone mit einem Touchscreen, das ganz ohne Tastatur auskam. Damit eroberte Apple dann im Flug den Markt und die Marktführerschaft. Richtig? Falsch!

Aus Sicht der Wahrnehmung besitzt Apple mit dem iPhone seit damals ganz klar die Führungsposition in diesem Markt. So wird das iPhone auch als der eine Maßstab am Smartphone-Markt gesehen. Das gilt für die Allgemeinheit, also die kollektive Wahrnehmung, für die Medien und natürlich auch für die Mundpropaganda, egal ob analog oder digital.

Aus Sicht der harten Zahlen, also aus Sicht der sogenannten Realität ergibt sich klar ein anderes Bild. So verlor Nokia erst im ersten Quartal 2012, nicht ganz fünf Jahre nach der Einführung des iPhones, die Smartphone-Marktführerschaft, aber nicht an Apple, sondern an Samsung. Die Headlines in den Medien lauteten damals: „Der Aufstieg des Galaxy-Königs" oder „Samsung stößt Nokia vom Thron" oder „Samsung stößt in Handygalaxien vor".

Die tatsächliche Marktführerschaft wechselte damals von Nokia zu Samsung. Die mentale Marktführerschaft aber blieb bei Apple mit dem iPhone. Daran hat sich bis heute nichts verändert, auch wenn seit damals immer wieder neben dem Langzeitmarktführer Samsung etwa auch Huawei oder Xiaomi global marktanteilsmäßig vor dem iPhone lagen.

… der Rest des Feldes

Noch interessanter aus Markensicht wird es aber, wenn man sich die Marken- und Marktentwicklung im mentalen Schatten von iPhone und Samsung Galaxy über das letzte Jahrzehnt ansieht. Denn in diesem Kontext merkt man schnell, wie wichtig es aus Markensicht ist, dass man auf den ersten beiden Plätzen liegt. Aber sehen wir uns das Ganze einmal im Detail an:

Im Januar 2024 lag am globalen Smartphone-Markt laut IDC zum ersten Mal Apple mit dem iPhone auf Platz 1, gefolgt von Samsung, Xiaomi, Oppo und Transsion (mit Marken wie Itel, Tecno oder Infinix). Mittlerweile hat Samsung wieder den ersten Platz eingenommen.

2013, also vor mehr als 10 Jahren, waren die abgeschlagenen Verfolger von Samsung Galaxy und iPhone die Marken Huawei, Lenovo und LG. 2014 waren es dann Lenovo, Huawei und Xiaomi, 2015 Huawei, Lenovo und Oppo, 2016 Huawei, Oppo und Vivo, 2017 Huawei, Oppo und Xiaomi. 2018 und 2019 waren es Huawei, Xiaomi und Oppo. 2020 war dann das Jahr mit dem brutalen Abstieg von Huawei, da man die Unterstützung von und durch Google und damit Android verloren hatte.

2020 sahen dann die Weltmarktanteile so aus: Samsung 20 Prozent, Apple 16 Prozent, Xiaomi 11 Prozent und Oppo und Vivo jeweils 9 Prozent. (Die mit Abstand stärkste „Nr. 3" im oben betrachteten Zeitraum von 2013 bis 2020 war im Jahr 2018 Huawei mit 14,4 Prozent. In diesem Jahr lag man damit sogar gleichauf mit dem iPhone von Apple.)

Das heißt aber auch – und das ist das wirklich Interessante aus Sicht der Marken- und Unternehmensführung: Wir haben zwei Markenfixpunkte bei Smartphones in der Wahrnehmung und im Gedächtnis der Kunden, nämlich iPhone und Samsung Galaxy. Dahinter gab und gibt es einen ständigen Wechsel, abhängig von der jeweiligen Modell-, Absatz- und vor allem auch Preispolitik.

Nur genau das sollte nicht sein. Vielmehr sollten sich Marken wie aktuell Xiaomi, Oppo oder Vivo überlegen, wie man selbst einen mentalen Fixplatz bekommen könnte. Dazu müsste man aber vom Modelldenkmodus in den Markendenkmodus wechseln.

Markendenken versus Modelldenken

Wie oben erwähnt, war Huawei die einzige Marke, die über einen längeren Zeitraum eine starke Nr. 3 war. Es war und ist auch die einzige Marke in diesem Markt, bei der das Markendenken statt dem reinen Modelldenken im Fokus und damit im Vordergrund stand.

So lancierte Huawei nicht nur neue Modelle, sondern verstärkte mit jedem dieser Modelle die angestrebte „Kamera"-Position bei Smartphones. Huawei war in der Kundenwahrnehmung nicht ein weiteres Smartphone, sondern das Smartphone mit der besten Kamera. Das wurde zudem durch die Kooperation mit Leica als Ingredient Brand unterstrichen.

Aber neben Huawei hätte es noch eine andere starke Smartphone-Marke geben können. Denn im Sommer 2018 empfahlen Al Ries und ich einem anderen chinesischen Smartphone-Erzeuger, ebenfalls in den Markendenkmodus zu wechseln. Da der Klient eine eher männliche Zielgruppe hatte und vor allem auf Performance setzte, empfahlen wir den Fokus auf Gaming zu legen. „Das Smartphone mit dem ultimativen Gaming-Plus" war die verbalisierte Idee dazu. Leider war unserem Klienten diese Idee „zu eng". Man sah das Thema Gaming damals nur als kleine Nische. Schade! Wahrscheinlich könnte diese Marke heute eine starke Nr 3 sein, nachdem Huawei 2020 so brutal abstürzte.

Vom Smartphone zum Elektroauto

Ein anderes Beispiel ist der Markt für Elektroautos in der westlichen Welt, also in Europa und in den USA. Hier gibt es aktuell nur eine echte Marke und das ist Tesla. Den Rest des Marktes teilen sich (noch) vor allem Modelle von etablierten Automarken aus der Benzin- und Dieselära auf. Damit steigt aber auch für alle „Modelldenker" in der Autoindustrie die Gefahr, dass man a) die Macht der Marke unterschätzt und b) einmal „in" und einmal „out" ist.

Das heißt: Tesla besitzt heute mit Sicherheit in Europa, in den USA und auch in China einen mentalen Fixplatz à la iPhone. So ist man aktuell wahrgenommener und auch tatsächlicher Marktführer diesseits und jenseits des Atlantiks. (In China liegt BYD klar bei Elektro- und Hybridautos voran.) Aber wer ist die Nr. 2 im Rest der Welt? Wissen Sie es? Genau hier liegt eine große Chance für die Zukunft. Nur dazu müsste jemand vom reinen Modell- oder Elektrifizierungsdenken in das Marken- oder besser Elektroautodenken wechseln.

Hier muss die etablierte westliche Autoindustrie ganz speziell auf China aufpassen. Dort wechselt gerade ein Elektroautoproduzent, nämlich BYD international, in den Marken- statt Modelldenkmodus. So präsentiert und positioniert sich BYD in der eigenen Medienarbeit nicht nur als das meistverkaufte Elektroauto in China, sondern als das meistverkaufte Elektroauto der Welt.

Typische Schlagzeilen dazu im Januar dieses Jahres: „Chinas BYD löst Tesla ab: Der größte E-Autobauer der Welt ist chinesisch" (Tagesschau),

„Weltgrößter Elektroautobauer: So hat BYD Tesla überholt" (Handelsblatt) oder „Elektromobilität: Chinesischer Elektroautobauer BYD überholt Tesla" (Spiegel). (Interessant dazu ist, dass BYD in China selbst mehr als Hybrid- als als Elektroautomarke gesehen wird.)

Die nie gestellte Frage oder den Markt mit anderen Augen sehen

Damit kommen wir zu einem extrem wichtigen Punkt: In vielen Marken- und Strategiemeetings spielt die strategische Ausrichtung für die Zukunft und damit das Thema strategische Positionierung eine große Rolle. In der Regel werden dabei der Markt, die Kunden und Zielgruppen, der Wettbewerb und natürlich auch die generellen und spezifischen Trends genau unter die Lupe genommen. Man sucht nach einem Fundament, auf dem dann die zukünftige Ausrichtung basieren kann. Im Mittelpunkt des Denkens stehen dabei in der Regel die harten Zahlen, Fakten und Daten.

Es geht dabei meist um die sogenannte „harte Realität", aber so gut wie nie um die Kundenwahrnehmung aus Sicht der mentalen Ordnung oder Unordnung. Deshalb wird auch so gut wie nie die folgende Frage gestellt, nämlich: „Wie geordnet oder auch ungeordnet ist unser Markt aus Sicht der Kundenwahrnehmung?" Aber genau diese Frage oder besser die Antworten auf diese Frage entscheiden ganz massiv über Erfolg oder auch Misserfolg. Denn mit dieser einen Frage eröffnet man in Meetings nicht nur eine neue Sichtweise über den Markt generell, man vereint auch Kunden- und Wettbewerbsanalyse aus Wahrnehmungssicht.

Gleichzeitig taucht dann damit zudem eine zweite abgeleitete Frage auf, nämlich: „Welchen Ordnungsbeitrag kann und sollte die eigene Marke wie leisten?" Damit wird aber auch klar, dass ein Marktführer anders denken und handeln sollte wie ein Herausforderer oder Mitläufer. Der Marktführer hat dabei gegenüber dem Rest des Feldes einen klaren Startvorteil. Dazu sollten wir uns das große Privileg des Marktführers einmal näher ansehen. (Was Nicht-Marktführer tun sollten, erfahren Sie in den nächsten Kapiteln dieses Buches.)

Das große Privileg des Marktführers

Der Marktführer ist der einzige und wirklich der einzige Marktteilnehmer, der in Summe für den Markt und dessen Bedeutung und Wichtigkeit eintreten darf und sollte. Nur für McDonald's macht es Sinn, für mehr Hamburger-Konsum zu werben. Nur für Coca-Cola macht es Sinn, für mehr Cola-Konsum zu werben. Nur für Amazon macht es Sinn, generell für mehr Einkauf im Internet zu werben.

Was würde passieren, wenn Burger King für mehr Hamburger-Konsum werben würde? Dann würde oder besser könnte sich McDonald's freuen. So besteht etwa bei Nicht-Marktführern immer die Gefahr, dass man zwar mit der eigenen Marke als Absender wirbt, aber dass letztendlich der Marktführer den Umsatz macht. Man sieht eine Burger-King-Werbung, egal ob analog oder digital, man bekommt Lust auf einen Hamburger und man findet sich bei McDonald's wieder. So zeigten bereits Studien in den 1980er und 1990er Jahren, dass 70 Prozent der Werbung der falschen Marke, vor allem aber dem Marktführer, zugeordnet wird.

Verschiedene Marktführerschaften

Um eine Marktführerschaft in der Wahrnehmung und am Markt erreichen zu können, muss diese klar definierbar sein. Der klassische Ansatz dazu ist ein regionaler Bezug. So haben wir heute Weltmarktführer, Europamarktführer und natürlich auch Marktführer nach Nationen, Bundesländern, nach Städten oder auch nach Teilregionen.

Nehmen Sie etwa Ketchup. Der globale Marktführer ist ganz klar Heinz. Global gesehen steht keine Marke in der Wahrnehmung so für Ketchup wie Heinz. Anders in Österreich! Wenn Sie in Österreich an Ketchup denken, denken Sie zuerst nicht an Heinz, sondern an Felix. Wie wichtig Felix diese Marktführerschaft ist, zeigt sich auch auf der Ketchup-Flasche selbst. Dort steht nämlich: „Die Nr. 1 in Österreich".

Der Fensterproduzent Internorm aus Traun positioniert sich als Europas Fenstermarke Nr. 1. EFM Versicherungsmakler ist wiederum mit über 75 Standorten die Nr. 1 in Österreich und Wimberger Haus ist die Nr. 1 in Oberösterreich, wenn es um Ein- und Zweifamilienhäuser geht. Ikea ist die weltweit führende Möbelhauskette, XXXLutz die Nr. 1 in Österreich.

Oder nehmen Sie Swing Kitchen! Während McDonald's und Burger King so nebenbei vegane Burger anbieten, ist Swing Kitchen aktuell die führende rein vegane Burgerkette in Österreich und international auf Expansionskurs.

Wenn Swing Kitchen aus Markensicht alles richtig macht, kann man mit Sicherheit einmal die führende vegane Burgerkette Europas werden. Die Zukunft wird es zeigen. Das zeigt aber auch, dass eine Marktführerschaft natürlich wechseln kann, zuerst regional, dann national, dann international und dann global.

Die zwei Kernaufgaben eines Marktführers

Damit sind wir auch bei den zwei Kernaufgaben aus Markensicht für einen Marktführer:

(1) Für den Markt in Summe eintreten: Ein Marktführer sollte immer die Themenführerschaft suchen, um den Markt in Summe in PR und Werbung wichtiger zu machen.

(2) Die Marktführerschaft sicherstellen: Gleichzeitig sollte ein Marktführer immer sicherstellen, dass die bestehenden und vor allem auch die zukünftigen, also die nachwachsenden, Kunden wissen, wer Marktführer ist und damit auch, wer nicht.

Dazu sollte es in jeder Kommunikation eine klare Aufgabenverteilung geben. Die PR- oder Werbebotschaft selbst sollte für den Markt eintreten, um diesen größer zu machen. Der Slogan in der Werbung bzw. die Selbstdarstellung in der PR sollten die Marktführerschaft aktiv kommunizieren, um sicherzustellen, dass man heute und morgen die mentale Führungsposition besitzt.

Nur genau diesen zweiten Punkt vernachlässigen viele Marktführer, weil man ja weiß, dass jeder weiß, dass man die Nr. 1 ist. Genauso besteht die Gefahr, dass man irgendwann einmal als Entscheider oder als Entscheiderin aufwacht, um festzustellen, dass die nachwachsende Generation nicht mehr weiß, wer Marktführer ist, bzw. auf einmal einen eigenen anderen Marktführer in der Wahrnehmung hat.

Der alte und neue Kaffeemarkt

Früher gab es im Kaffeemarkt die großen Drei, nämlich Jacobs, Tchibo und Eduscho. (In Österreich natürlich auch noch Meinl als starke Heimmarke.) Diese Marken wurden klar als die Marktführer im Kaffeemarkt gesehen. Heute – so befürchte ich – werden diese drei Marken vor allem von den jüngeren Generationen maximal als weitere gute Kaffeemarken gesehen.

Aktuell sind es vielmehr Marken wie Nespresso, Illy, Lavazza oder auch Segafredo, die als führende Marken und Trendsetter wahrgenommen werden. Damit aber steigt für Marken wie Jacobs, Tchibo, Eduscho und auch Meinl die Gefahr, dass die Qualitätswahrnehmung sinkt, während gleichzeitig der tiefe Preis als Kaufentscheidungskriterium wichtiger wird.

So durfte ich vor einiger Zeit folgenden Dialog zwischen zwei Frauen in einem österreichischen Kaffeehaus live miterleben. So meinte die eine: „Ich greife immer noch am liebsten zu Eduscho, ich glaube Eduscho Gold." Darauf die andere: „Meinl, Eduscho, Jacobs oder Tchibo! Einer ist immer in Aktion. Den nehme ich dann."

Wesentlich zu dieser Entwicklung haben viele Markenartikler aber selbst beigetragen, indem sie ihre Marken durch endlose Brand- und Line-Extensions überdehnt haben. Statt in den Köpfen der Kunden für Ordnung zu sorgen, hat man so in vielen oder besser zu vielen Fällen für mehr Verwirrung statt Ordnung gesorgt. Damit verliert die Marke als Kaufentscheidungskriterium an Kraft gegenüber anderen Faktoren. (Bei Kartoffelchips erklären Kunden immer wieder, dass etwa die Würzung als Kaufentscheidungskriterium oft wichtiger als die Marke sei.)

Gezielte Markt- und Markenforschung

Um dieser Entwicklung entgegenzuwirken bzw. um potenzielle Gefahren für die eigene Marke rechtzeitig zu erkennen, sollte man daher in regelmäßigen Abständen Imageanalysen durchführen. Dabei sollte man speziell die folgenden drei Punkte im Auge haben:

(1) Wie geordnet oder auch ungeordnet ist der eigene Markt aus Kundensicht?

(2) Wie bekannt ist die eigene Marke wofür und wo steht diese damit in Relation zum Mitbewerb in der Wahrnehmung?

(3) Wie sehen die beiden oben genannten Punkte in verschiedenen Altersgruppen aus?

Speziell den dritten Punkt sollte man immer besonders im Auge haben. Wenn nicht, kann es passieren, dass man auf einmal vor folgender Situation steht: Bei den über 40-Jährigen hat man ein tolles Image und es gibt eine klare Rangordnung im Sinne der eigenen Marke in der Kundenwahrnehmung. Aber bei den unter 40-Jährigen wird man leider nur mehr als eine weitere Marke unter vielen gesehen.

Aktuell haben wir etwa mit Sicherheit noch eine Generation, die Ricola klar als Original bei Hustenbonbons sieht, weil sich diese noch an die „Wer hat's erfunden"-Kampagne erinnern kann. Wie aber wird dies bei der nächsten Generation aussehen, die diese Kampagne nie zu Gesicht bekommen hat? Die Zukunft wird es uns und vor allem auch Ricola zeigen.

Keine Ruhekissen für die Zukunft

Das heißt: Man sollte die tatsächliche und vor allem wahrgenommene Marktführerschaft von heute nie als eine Art „Ruhekissen" betrachten. Vielmehr sollte man Marktführerschaft als Anspruch nach außen und innen definieren, um a) immer für mentale Ordnung zu sorgen, b) aktiv den Markt zu gestalten und c) diesen in die Zukunft zu führen. Dazu sollte man den eigenen Führungsanspruch klar verbalisieren und kommunizieren.

Ganz wesentlich ist dabei, dass man immer und wirklich immer sicherstellt, dass man heute und in Zukunft auch als Marktführer wahrgenommen wird. Deshalb empfehlen wir so gut wie jedem Marktführer, dass man die eigene Marktführerschaft unbedingt auf sympathische Art und Weise (ohne Arroganz) kommuniziert. Überraschend und für uns auch total unverständlich ist dabei, dass es immer noch Berater und Agenturen gibt, die Unternehmen abraten, aktiv die eigene Marktführerschaft zu kommunizieren.

• •

LEKTION #1

Wenn Sie heute Marktführer auf dem Papier sind, sollten Sie unbedingt sicherstellen, dass Sie auch als Marktführer in der kollektiven Wahrnehmung und im kollektiven Gedächtnis wahrgenommen werden. Vor allem sollten Sie aber auch immer darauf achten, für den Markt in Summe einzutreten und gleichzeitig sicherzustellen, dass auch die nachkommenden Generationen wissen, wer die Nr. 1 ist und wer nicht.

• •

Kapitel 2

Denkmuster Kategorisierung (oder die Macht der mentalen Schublade)

Umgangssprachlich spricht man gerne davon, dass wir in unserem Gehirn Personen, Produkte oder Dinge „schubladisieren". Das ist ein einfacher und effizienter Weg, um in unserer Wahrnehmung und in unserem Gedächtnis in einer komplexen Umwelt für Ordnung zu sorgen. Genau darin liegt aber auch die große Chance für Unternehmen, neue starke Marken zu bauen. Aber dazu muss man „zuerst Kategorie, dann Marke" denken.

Unser Gehirn liebt es, Personen, Dinge, Ereignisse und natürlich auch Marken zu „schubladisieren". Es hilft uns, den Überblick in unserer komplexen Welt zu behalten. Aus Markensicht gibt es – so gesehen – zwei grundlegende Möglichkeiten für die eigene Marke: (1) Man begibt sich mit einer alten oder neuen Marke in eine bestehende mentale Schublade. (2) Man erfindet oder findet eine freie Schublade, um diese mental mit der eigenen Marke als Erster zu besetzen.

Differenzierung versus Kategorisierung

Wenn man sich in eine bestehende Schublade begibt, dann geht es vor allem um Differenzierung. Wenn Sie heute einen weiteren Energydrink lancieren, dann begeben Sie sich in eine bestehende Schublade, die mental von Red Bull und Monster dominiert wird. Damit stehen Sie aber auch gleichzeitig vor der schwierigen Aufgabe, wie Sie Ihre Marke klar von Red Bull und Monster differenzieren. Nur genau dieses Differenzieren wird im Wettbewerb von heute immer schwieriger und schwieriger.

So sind, um bei Energydrinks zu bleiben, mit Sicherheit weltweit schon hunderte Marken an dieser Aufgabe gescheitert, egal wie kreativ und emotional die analogen und digitalen Kampagnen dieser Marken auch waren oder sind. Dazu kommt: Die Verantwortlichen all dieser Marken wären wahrscheinlich gerne so wie Red Bull gewesen. Mehr noch: Wahrscheinlich war und ist Red Bull sogar für fast alle das eine große Vorbild.

Nur, wenn man so erfolgreich wie Red Bull sein möchte, sollte man nicht auf Differenzierung, sondern auf Kategorisierung setzen. Anders ausgedrückt oder besser gefragt: Wo wäre Red Bull heute, wenn Dietrich Mateschitz statt dem ersten Energydrink eine weitere Cola im mentalen Schatten von Coca-Cola und Pepsi-Cola lanciert hätte? Antwort: Nirgendwo!

Aus dieser Perspektive betrachtet lag die wahre Genialität von Dietrich Mateschitz nicht in der Erfindung der Marke Red Bull, sondern vor allem und zuerst in der Erfindung der neuen Kategorie „Energydrink". Das heißt aber auch: Die stärksten Marken sind jene, die in einer Kategorie als Nr. 1 abgespeichert sind. Nur genau damit sind wir bei einem extrem wichtigen Punkt. Wenn Sie heute eine starke Marke bauen möchten, sollten Sie „zuerst Kategorie, dann erst Marke" denken.

Alte versus neue Schublade

Um besser zu verstehen, worum es dabei geht, sollten wir einen Blick auf den Fastfood-Markt der 1980er Jahre in den USA werfen. Damals waren die drei großen Ketten McDonald's, Burger King und Wendy's. Es gab also einen Wettbewerb zwischen drei Hamburger-Ketten. Wenn man heute einen Blick auf die großen Drei im amerikanischen Fastfood-Markt wirft, dann sind diese McDonald's, Subway und Starbucks.

Das heißt: Heute kämpfen drei Marktführer um die Vorherrschaft im Fastfood-Markt. So ist McDonald's die Nr. 1 bei Hamburgern, Subway die Nr. 1 bei Sandwiches und Starbucks die Nr. 1 bei Kaffee. Damit haben alle drei auch einen großen gemeinsamen Vorteil: Sie können jeweils als Marktführer voll für ihren Markt eintreten.

Wenn Sie also heute eine mental freie Kategorie oder Schublade finden oder erfinden, sind Sie vom ersten Augenblick an Pionier und Marktführer. Ihr Job ist es dann, dass Sie a) die Kategorie klar und verständlich benennen und b) sofort versuchen, die Kategorie in den Köpfen der Kunden und folglich am Markt zu besitzen und größer zu machen.

Dabei kann es natürlich sehr wohl Sinn machen, dass Sie Ihre neue Kategorie gegen eine alte bestehende Kategorie positionieren. Dies machte etwa Duracell als führende Alkalibatterie perfekt mit dem Slogan „Hält entscheidend länger als herkömmliche Zink-Kohle-Batterien". Genauso machte man die Kategorie Alkalibatterie mental größer, um gleichzeitig den Mitbewerb „Zink-Kohle-Batterie" als ungenügend und zu schwach zu repositionieren.

Zwei Arten von Wettbewerb ...

Damit haben wir auch zwei Arten von Wettbewerb, die man unbedingt kennen, berücksichtigen und unterscheiden sollte, nämlich den mentalen Wettbewerb innerhalb einer Produkt- oder Dienstleistungskategorie und den mentalen Wettbewerb zwischen Produkt- und Dienstleistungskategorien.

Wenn jemand Lust auf schnelles Essen hat und er entscheidet sich zwischen McDonald's und Burger King, dann entscheidet er sich innerhalb der Kategorie Hamburger. Wenn jemand Lust auf schnelles Essen hat und er entscheidet sich zwischen McDonald's und Subway, dann entscheidet er sich zwischen zwei verschiedenen Kategorien, nämlich der Hamburger- und der Sandwich-Kategorie.

Interessant dazu: Im 20. Jahrhundert waren der mentale Wettbewerb und damit auch das Markendenken vor allem vom Wettbewerb innerhalb einer Kategorie geprägt. Es war die Zeit der großen Markenduelle, die auch immer wieder in den Medien zelebriert wurden. Typische Beispiele dafür waren und sind Coca-Cola versus Pepsi-Cola, McDonald's versus Burger King, Visa versus Mastercard, Persil versus Ariel, Kodak versus Fuji, Milka versus Ritter Sport, Boeing versus Airbus, McKinsey versus Boston Consulting Group, Mercedes gegen BMW oder VW gegen Opel.

Im 21. Jahrhundert verschiebt sich dieser Wettbewerb immer mehr in Richtung Wettbewerb zwischen Kategorien und damit Wettbewerb zwischen den wahrgenommenen Marktführern in diesen Kategorien. Entschied man sich früher zwischen Coca-Cola und Pepsi-Cola, entscheidet man sich heute immer öfter zwischen Coca-Cola und Red Bull.

Speziell das Internet tendiert zur mentalen und tatsächlichen „Monopolisierung", in der man eigentlich nur einen starken Marktführer in jeder wichtigen Kategorie braucht. Nehmen Sie den Markt für Suchmaschinen! Im 20. Jahrhundert wäre sicher das Duell Google versus Bing zelebriert worden. Im 21. Jahrhundert haben wir aktuell vier große Suchmaschinen, nämlich Amazon, Google, YouTube und TikTok.

Amazon ist die Nr. 1 bei der Produktsuche, Google bei der klassischen Wortsuche, YouTube bei der klassischen Videosuche und TikTok ist die Nr. 1, wenn man Inhalte über Kurzvideos sucht. Bing wiederum wird dabei maximal als Kopie von Google wahrgenommen und steht dementsprechend klar im mentalen Schatten. Dabei ist die Position von Google mit ziemlicher Sicherheit so stark, dass man – falls man sich auf Bing verirrt – auch dort „googelt".

… und neu über Marktpotenziale denken

Damit sollten Marken- und Unternehmensverantwortliche auch neu über das zukünftige Marken- und Marktpotenzial denken. Die klassische Frage in vielen Unternehmen dazu lautet: Wie groß ist der Markt heute? Die gewünschte Antwort lautet: „Hoffentlich so groß wie nur irgendwie möglich." Nur genau diese Frage und diese Antwort führen wahrscheinlich dazu, dass man eine weitere Me-too-Marke lanciert, die im Schatten bereits starker etablierter Marktführer steht.

Wenn Sie heute eine neue starke Marke lancieren möchten, sollten Sie sich deshalb diese Frage stellen: „Wie können wir eine neue Kategorie kreieren, in der wir selbst von Anfang an Pionier und Marktführer sind?" Das Marktpotenzial der Kategorie selbst ist dabei genau null, wenn man nur die Kategorie isoliert betrachtet. Aber genau das sollte man nicht tun.

Anders ausgedrückt: Aus Sicht des Marktpotenzials sollte man immer zwei Perspektiven im Auge haben, nämlich das Marktpotenzial innerhalb einer Kategorie und das Marktpotenzial gegen eine Kategorie. Im Jahr 1987 war das Marktpotenzial innerhalb der Kategorie „Energydrink" so gut wie null. Nur wenn man den Energydrink als echte Alternative zu anderen Erfrischungs- und Sportgetränken sah, dann war das potenzielle Marktpotenzial alles andere als klein.

Manager versus Unternehmer

Interessant dabei ist, dass Manager großer Unternehmen gerne in Marktpotenzialen innerhalb großer bestehender Kategorien denken. So brauchte die Coca-Cola Company 12 Jahre, um erstmals auf Red Bull mit einem eigenen Energydrink zu reagieren. Unternehmer wiederum haben im Gegensatz dazu – oft auch aus der Not heraus – den Mut, auf neue Kategorien zu setzen, die man gegen große etablierte Kategorien positionieren kann.

Wie sehr große Unternehmen oft neue Kategorien oder Schubladen unterschätzen, zeigt sich oft auch in Aussagen verantwortlicher Manager. Nehmen Sie etwa den Markt für Fluglinien in Europa. Noch im Jahr 2004 erklärte der damalige Air Berlin-Chef Joachim Hunold in einem Interview über die Strategie von Air Berlin und Ryanair: „Außerdem ist der Preis nicht alles. Wir bieten auch Qualität. … Ich glaube an den nachhaltigen Erfolg dieser Strategie, während Ryanair auf Randflughäfen kurzfristig einen künstlichen Markt schafft." Heute ist die „Randerscheinung" Ryanair nicht nur Europas führende Diskontfluglinie, sondern generell eine fixe Größe am europäischen Himmel, während Air Berlin längst Geschichte ist.

Oder werfen wir einen Blick auf den Fenstermarkt. Bis in die 1970er Jahre war Österreich etwa ein klares Holzfenster-Land. Als dann Internorm in Traun auf Kunststofffenster setzte, wurden diese nicht nur oft belächelt, sondern auch einfach abwertend als „Plastikfenster" abgetan. Heute sind die damaligen Holzfenstergrößen nur mehr ein Schatten ihrer selbst. Internorm wiederum ist nicht nur Österreichs Fenstererzeuger Nr. 1, sondern auch Europas führende Fenstermarke.

Verstehen Sie mich nicht falsch! Unternehmen sollten sich nicht blindlings auf neue Kategorien stürzen, wenn es um die Einführung eines neuen Produktes oder einer neuen Marke geht. Unternehmen sollten aber unbedingt das zukünftige Marktpotenzial immer aus zwei Perspektiven beurteilen, nämlich aus der Perspektive innerhalb bestehender Kategorien und zudem aus der Perspektive gegen bestehende Kategorien.

Eine neue Ordnung schaffen

Eines der besten und nachhaltigsten Beispiele für die Macht der Kategorisierung ist die Marke Dr. Best! Bis 1988 war diese Marke eine weitere Handzahnbürste unter vielen. Wer damals an den Kauf einer Handzahnbürste dachte, dachte wahrscheinlich spontan entweder an Blend-a-dent oder an Oral-b. Maximal stolperte man über die Marke Dr. Best, wenn diese gerade im Super- oder Drogeriemarkt im Super-Super-Sonderangebot war.

Dies sollte sich nachhaltig ändern. Trotz wenig positiver Marktforschungsergebnisse im Vorfeld lancierte SmithKline Beecham (heute GlaxoSmithKline) 1988 die erste nachgebende Zahnbürste unter der Marke Dr. Best. Damit teilte man – vor allem einmal mental gesehen – den Markt für Handzahnbürsten in zwei Teile. Auf einmal konnten die Kunden sich zwischen einer nachgebenden und mehreren starren Zahnbürsten-Marken entscheiden.

Damit schuf Dr. Best nicht nur eine neue mentale Ordnung in der Wahrnehmung und im Gedächtnis der Kunden, man repositionierte zudem den starren Mitbewerb als gefährlich für Zahnfleisch und Zähne. Einen wesentlichen Beitrag dazu leistete das Schlüsselbild der Tomate. So stieg der Marktanteil von Dr. Best von 6 Prozent im Jahr 1988 auf über 40 Prozent im Jahr 2000 im deutschen Handzahnbürsten-Markt. Heute ist Dr. Best der klare Marktführer.

Den Markt mental teilen

Als Steve Jobs das erste iPhone am 9. Januar 2007 präsentierte, teilte er mental die Welt der Smartphones in zwei Teile, nämlich in Smartphones mit Tastatur und in das iPhone, das erste Smartphone mit Touchscreen ohne Tastatur. Damit schuf er nicht nur eine neue Schublade oder Kategorie, er definierte gleichzeitig auch den mentalen Kontext. Entscheidend dafür war, dass er zuerst ein Bild mit vier damaligen Smartphones mit Tastatur präsentierte, bevor er dann das iPhone mit einem sehr viel größeren Bildschirm ohne Tastatur vorstellte.

So gesehen geht es nicht nur darum, dass man eine neue Kategorie findet oder erfindet, sondern dass man diese auch in Relation zum bis dato Bekannten stellt. Denn unser Gehirn kann nur dann Neues lernen, wenn man dieses Neue mit dem bereits Gelernten in Verbindung bringt. Dies ist speziell bei der Einführung einer neuen Kategorie und Marke absolut erfolgsentscheidend. Genau aus diesem Grund sollten neue Kategorien im Kategorienamen selbst einen Bezug zum Bestehenden haben, der dann um einen echten Neuigkeitswert ergänzt wird.

Wagner Pizza schaffte den Durchbruch nicht mit einer weiteren Fertigpizza, sondern mit der ersten Steinofen-Fertigpizza. Damit setzte man auf zwei bereits gelernte Begriffe, die man aber im Kontext neu verband. So gab es vorher bereits Fertigpizzen und natürlich auch Pizzen aus dem Steinofen. Was es aber vor Wagner Pizza noch nicht gab, war eine Fertigpizza, die im Steinofen vorgebacken wurde. Damit schuf man sich eine eigene Kategorie und Schublade in der Kundenwahrnehmung.

Vor TikTok gab es bereits mit YouTube eine Online-Videoplattform und mit Twitter (jetzt X) einen Kurznachrichtendienst. So gesehen war das bereits die perfekte Basis für die erste Kurzvideoplattform. Und Dietrich Mateschitz kam es sicher sehr entgegen, dass es bereits vor Red Bull Energyriegel gab. So gesehen war es fast logisch, dass es auch einmal einen Energydrink geben sollte.

Weglassen statt hinzufügen

Interessant ist in diesem Kontext auch, dass starke Kategorien oft dadurch entstehen, dass man bei einer bestehenden Kategorie etwas weglässt. Steve Jobs hat beim iPhone die Tastatur weggelassen. James Dyson hat beim Staubsauger den Beutel weggelassen. Er präsentierte den ersten beutellosen Staubsauger, der niemals an Saugkraft verliert. Diese Kategorie war die Erfolgsbasis für die Marke Dyson.

Ryanair nahm den Kunden die erste Klasse und die Businessklasse weg, um die Kategorie Diskontfluglinie zu schaffen. Ingvar Kamprad war mit Sicherheit der Großmeister des Weglassens. Er nahm den Kunden sogar drei Nutzen weg, als er mit der Marke Ikea durchstartete. So mussten sich die Ikea-Kunden selbst bedienen, sie mussten sich die Möbel selbst abholen und dann daheim überdies selbst zusammenbauen. (Kann man noch kundenunorientierter sein?) Heute ist Ikea der größte Möbelhändler dieser Erde.

Aber gerade das Weglassen fällt vielen Entscheidern im aktuellen Omni- und Multi-Zeitalter extrem schwer. Wenn H&M, Zara und viele andere Modehändler dieser Erde ihre stationären Filialen mit einem Onlineshop erweitern, entsteht nicht wirklich etwas aufregend Neues. Viel aufregender sind da aus Kundensicht Marken, die von Anfang an den klassischen stationären Handel einfach wegließen, egal ob Amazon, Zalando, Shein oder Temu. Diese vier letztgenannten Marken besitzen wirklich jeweils eine eigenständige Kategorie und damit Position in der Wahrnehmung der Kunden.

Lay's, Doritos und Takis

Oder nehmen Sie den Markt für Chips in den USA. Wenn es um klassische Chips, also Kartoffelchips geht, ist Lay's die klare und unumstrittene Nr. 1. Nur mit dem Trend zu mexikanischem Essen gibt es zwei starke Herausforderer, die jeweils selbst eine klare Nr.-1-Position in ihrer jeweiligen Kategorie besitzen.

So steht Doritos heute klar für Tortilla-Chips und Takis für gerollte Tortilla-Chips. Interessant dabei ist, dass Doritos und Takis nicht nur selbst jeweils Marktführer in einer eigenen Kategorie oder Schublade sind, sondern sich auch visuell, sprich von der Form her, klar von traditionellen Kartoffelchips unterscheiden. Doritos sind dreieckig und Takis sind gerollt.

Die zwei Namen zum Erfolg

Damit ist oder sollte auch eines klar sein: Starke Marken, die einmal wirklich ihren Markt mental und tatsächlich dominieren wollen, brauchen unbedingt zwei Namen, nämlich einen Kategorienamen und einen Markennamen. Dabei sollte man unbedingt auch auf die Reihenfolge achten.

Im Idealfall legt man zuerst den Kategorienamen fest, um dann zu überlegen, welcher Markenname am besten zur angestrebten Kategorie passt.

Leider machen es viele Unternehmen, vor allem auch viele Start-ups, genau umgekehrt. So mag man zwar einen Namen finden, der kreativ ist und intern allen gefällt, aber man vergibt damit oft die große Chance, den einen Markennamen zu finden, der wirklich zur Kategorie in den Köpfen der Kunden passt.

Viele gute oder auch sehr gute Innovationen scheitern nicht an der Innovation selbst, sondern daran, dass es die Erfinder nicht schaffen, eine merkbare und damit merkfähige Kategorie zu definieren, bzw. daran, dass es Ihnen nicht gelingt, den dazu passenden Markennamen zu finden. Nehmen Sie etwa den Markt für die sogenannten Wellness-Getränke. So gibt es heute unzählige mehr oder weniger funktionale Getränke, die man online oder stationär kaufen kann.

Nur, die meisten dieser Getränke werden in der Menge dieser Getränke einfach sang- und klanglos untergehen. Die zwei Hauptgründe: (1) Man ist nur ein weiterer Anbieter unter vielen in einer bereits bestehenden Kategorie, in der es bereits einen starken Marktführer gibt. (2) Man bewegt sich in einer Art „geistigem Vakuum", weil die Kunden die Marke in keine Schublade einordnen können.

Die Falle des „geistigen Vakuums"

Genau in diese Falle des „geistigen Vakuums" tappte auch die Coca-Cola Company 2008 in Deutschland, als man The Spirit of Georgia als „die andere Erfrischung" lancierte. Nur ist „die andere Erfrischung" keine Kategorie, die in der Wahrnehmung und im Gedächtnis der Kunden funktioniert. Niemand denkt an eine andere Erfrischung, sondern man denkt an konkrete Kategorien wie Cola, Energydrink oder Sportgetränk und dann an Marken wie Coca-Cola, Red Bull oder Gatorade.

Denselben Fehler wie Coca-Cola in Deutschland machte Müller Milch in den USA, als man sich als mit dem Claim „European for yummy" positionieren wollte. Auch das ist keine klare Kategorie. So ist Europa etwa im Gegensatz zu Griechenland und folglich griechischem Joghurt als Herkunft viel zu breit, um sich damit wirklich klar positionieren zu können. Unsere Empfehlung wäre gewesen, dass Müller Milch in den USA das erste Frühstücksjoghurt lanciert.

Wenn man auf der Suche nach der einen Erfolgskategorie für die eigene Marke ist, sollte man immer auch lesen, wie die eigene Marke von den Medien beschrieben wird. Nehmen Sie N26. Diese Bank nennt sich in der Eigendefinition selbst „Die erste Bank, die du lieben wirst". Viel besser wäre, wenn man sich, wie es etwa die Medien immer wieder tun, als die Smartphone-Bank positionieren würde. Als Smartphone-Bank würde man sich auch klar, positiv und vor allem modern vom normalen Online-Banking abgrenzen.

Generisch und spezifisch

Das heißt: Starke Marken brauchen zwei Namen, zuerst einen generischen Kategorienamen, der die Schublade beschreibt, in der die Menschen die Marke mental ablegen sollten, dann dazu einen spezifischen und schutzfähigen Markennamen. Zudem sollte der Markenname speziell vom Klang her zum Kategorienamen passen.

Da Kategorienamen spontan und ohne Nachdenken in den Köpfen der Kunden funktionieren sollten, setzen sich starke Kategorienamen im Idealfall aus zwei oder mehr bereits bekannten Worten zusammen. Diese sollten aber so miteinander verbunden werden, dass etwas Neues entsteht. Bereits vor Ryanair kannten wir die Worte „Fluglinie" und „Diskont". Zusammengesetzt ergab sich daraus „Diskontfluglinie". Genau das ist die Kategorie, die Ryanair als erste Diskontfluglinie in Europa dominiert.

Egal ob „Berufsbekleidung", „Elektroauto" „Energydrink", „Fernbus", „Geländewagen", „Hochdruckreiniger" „Internetbuchhandlung", „Kugelgrill", „nachgebende Zahnbürste", „Steinofen-Fertigpizza", „Suchmaschine", „Video-Streaming", „weißer Rum" oder Vergleichsportal, all dies sind Kategorien, die wir sofort erkennen und mit starken geschützten Marken wie Engelbert Strauss, Tesla, Red Bull, Flixbus, Jeep, Kärcher, Amazon, Weber, Dr. Best, Wagner Pizza, Google, Netflix, Bacardi und Check 24 in Deutschland bzw. Durchblicker in Österreich verbinden.

Trotzdem begehen viele Start-up-Unternehmen einen weiteren Fehler, nämlich den, dass man zwar einen Kategorienamen findet, aber auf den Markennamen vergisst. Das ist so, als ob Sie einem Kind den Namen Kind geben. Ein aktuelles Beispiel dafür ist in Österreich die Marke „Wood Fashion". Dazu heißt es auf der Website: „Mit unserer Wood Fashion kannst du stolz sagen: „Ich trage zu 100 % echt Baum."

Genau dieser Satz bringt das Problem aus Markensicht perfekt auf den Punkt. „Unsere Wood Fashion" könnte ein starker Kategoriename sein, nur leider fehlt der starke Markenname. Selbst Abkürzungen wie WF oder WoFa wären in diesem Fall bessere Namen als kein Name. So könnte es dann etwa auf der Website so lauten: „Mit WoFa, der führenden Wood-Fashion-Marke, kannst du stolz sagen: „Ich trage zu 100 % echt Baum." Das heißt: Sollte sich die Kategorie Wood Fashion erfolgreich in der Modewelt etablieren, wird es spannend, wer diese als Erster oder Erste mit einem echten Markennamen besetzt.

●●●

LEKTION #2

Wer heute über zukünftige Markt- und Markenpotenziale nachdenkt, sollte nicht nur in bestehenden Produkt- und Dienstleistungskategorien denken, sondern vor allem auch in neuen. So beruhen die größten analogen und digitalen Markenerfolge dieser Erde auf neuen und nicht auf bestehenden Kategorien. Entscheidend dabei ist aber, dass man die Kategorie für die Kunden klar, nachvollziehbar und relevant definiert und dann mit einem einzigartigen und schutzfähigen Markennamen verbindet.

●●●

Kapitel 3

Denkmuster Wahrnehmung (oder die Macht des wahren Ersten)

In der Managementwelt hat sich der Begriff des sogenannten First-Movers nachhaltig etabliert. Letztendlich entscheidend ist aber nicht, wer der First-Mover in der Realität war, sondern wer als First-Mover vom Markt, also von den Kunden, wahrgenommen wird. Deshalb schlägt das First-Minder-Prinzip letztendlich das First-Mover-Prinzip.

Wenn man die beiden ersten Denkmuster nur grob überflogen hat, könnte man vorschnell den Eindruck gewinnen, dass es in der Marken- und Unternehmensführung vor allem um Innovationen geht. Nur genau das greift viel zu kurz. So geht es vorrangig nicht darum, wer eine neue Schublade oder eine neue Kategorie als Erster erfindet. Es geht vorrangig darum, wer diese als Erster in der Wahrnehmung und im Gedächtnis der Kunden etabliert und mit der eigenen Marke besetzt. Um besser zu verstehen, worum es geht, sollten wir einen Ausflug in die Welt der großen Entdecker im 15. Jahrhundert machen.

Wikinger versus Kolumbus
Wer entdeckte als Erster Amerika? Die Standardantwort in den Geschichtsbüchern lautete und lautet: „Christoph Kolumbus im Jahr 1492." Aber eigentlich waren es, wie wir heute wissen, die Wikinger. Diese landeten bereits um das Jahr 1.000 nach Christus als Erste in Amerika.

Aber die Wikinger machten aus Marken- und Marketingsicht einen extrem schweren Fehler. Sie vergaßen die Geschichtsschreibung mitzunehmen. Heute würden wir sagen, sie vergaßen auf analoge und digitale PR und Werbung. Nur erst damit war der Weg für Christoph Kolumbus frei, um offiziell die Neue Welt zu entdecken. Er hatte die spanische Geschichtsschreibung mit an Bord.

Was die Wikinger im Nachhinein beruhigen mag, ist, dass sie nicht alleine sind und waren. So verkaufen sich viele Pioniere weit unter ihrem Wert oder scheitern sogar frühzeitig, weil man zwar Erster auf dem Markt war, aber es nie schaffte, als Vorreiter und Marktführer wahrgenommen zu werden.

Powells.com war als Buchhandlung vor Amazon im Internet, aber Amazon war die erste Internetbuchhandlung in den Köpfen der Kunden. Oder nehmen Sie den Markt für MP3-Player. So war der iPod de facto nicht der erste MP3-Player mit Harddisc am Markt, das war die Creative Nomad Jukebox von Creative Technology. Diese wurde bereits 21 Monate vor dem iPod am Markt eingeführt. Aber alleine der Name war Garantie dafür, dass man nie wirklich mental auffiel und abgespeichert wurde. So besetzte der iPod dank Steve Jobs und dem brillanten Slogan „1,000 songs in your pocket" als erste Marke diese Position in der Wahrnehmung der Öffentlichkeit und der Kunden.

Von Video-Streaming …

Interessant dazu ist auch der Markt für Video-Streaming in Deutschland. Denken Sie aktuell an Video-Streaming, denken Sie wahrscheinlich an Netflix, Amazon Prime und Disney+. Das bedeutet: Diese Marken – allen voran Netflix und Amazon Prime – kämpfen um die mentale und tatsächliche Vorherrschaft am Video-Streaming-Markt.

So hatten Netflix und Amazon Prime laut JustWatch im vierten Quartal 2023 in Deutschland einen Marktanteil von je 30 Prozent. Dahinter folgte Disney+ mit 20 Prozent. Aber wer waren dann die weiteren Verfolger? Das waren WOW mit 7 Prozent, Apple TV+ mit 6 Prozent und Paramount+ mit 4 Prozent.

Wirklich spannend dabei ist aber der Blick in die Historie des Video-Streaming-Markts in Deutschland. So waren die Top-5-Anbieter im Jahr 2014 Maxdome mit 35 Prozent Marktanteil, gefolgt von iTunes mit 18, Lovefilm mit 12, Videoload mit 10 und Sky mit 9 Prozent (Quelle: Statista 2014 in w&v 32/2014, S. 32). Auf dem Papier war damals Maxdome der klare Marktführer. Nur in den Köpfen der Kunden schaffte es keiner dieser fünf Anbieter, die Kategorie „Video-Streaming" für sich frühzeitig zu besetzen. Damit waren diese Marktanteile auf dem Papier letztendlich im Kampf um die mentale und tatsächliche Marktführerschaft bei Video-Streaming wertlos.

… zu Hybrid- und Elektroautos

Wer war das erste Hybridauto auf den amerikanischen Straßen? Wer sich zurück erinnert, wird mit großer Wahrscheinlichkeit mit Prius von Toyota antworten. Nur ist diese Antwort falsch. Die richtige Antwort lautet: „Honda Civic Hybrid". Das Problem von Honda damals: Man versteckte die Hybrididee in einem konventionellen Modell mit einem konventionellen Modellnamen unter der Marke Honda.

Selbst wenn ein Honda Civic Hybrid an jemandem vorbeifuhr, konnte dieser Jemand nicht auf den ersten Blick erkennen, dass es sich um ein Hybridmodell handelte. Man sah „nur" einen Honda Civic. Ganz anders der Prius von Toyota. Dieser fiel allein aufgrund seiner eigenwilligen Form enorm im Straßenbild auf und half so Toyota zur zuerst mentalen und dann tatsächlichen Marktführerschaft.

Nur statt aus dem Fehler von Honda zu lernen, wiederholte Nissan diesen bei Elektroautos. So war der Nissan Leaf über Jahre das meistverkaufte Elektroauto der Welt. Nur auch hier half diese Marktführerschaft wenig, weil – wenn überhaupt – wurde der Nissan Leaf maximal als weiteres Modell von Nissan wahrgenommen. Damit war auch hier der Weg für Elon Musk und Tesla frei, um als Vorreiter und Marktführer wahrgenommen zu werden.

Genau das spiegelt sich auch heute in den weltweiten Zahlen wider. Im Jahr 2023 waren die 10 meistverkauften Elektroautos nach Konzernmarken (ohne Hybrid; Quelle Trendforce): Tesla, BYD, GAC Aion, SAIC-GM-Wuling, Volkswagen, BMW, Hyundai, Mercedes-Benz, MG und Kia. Nach Modellen (BEV & PHEV) waren die Top 10 im Jahr 2023 weltweit laut EV Volumes: Tesla Model Y, BYD Song Pro/Plus, Tesla Model 3, BYD Yuan Plus (aka Atto 3), BYD Dolphin, BYB Qin Plus, BYD Seagull, Wuling HongGuang Mini EV, Aion Y und Aion S/Aion S Plus. Von Nissan fehlt hier jede Spur.

Wertlose Marktführerschaften

Das heißt aber auch: Pioniertum oder Marktführerschaft auf dem Papier, also in den Marktanteilsstatistiken, ist wertlos, wenn die Kunden nichts von diesem Pioniertum oder dieser Marktführerschaft wissen. Spannend dazu ist auch die Erfolgsgeschichte der Marke XXXLutz in Österreich. Um diese zu verstehen, sollten wir einen Markenausflug in das Jahr 1999 machen.

Auf dem Papier war damals die Marke Kika der klare Marktführer im österreichischen Möbelhandel. In der Wahrnehmung der Kunden aber gab es keinen eindeutigen Marktführer. So tippten manche auf Kika, andere auf Leiner, wieder andere auf Ikea oder Lutz und manche sogar auf die damaligen regionalen Marktführer Möbel Ludwig, Michelfeit, Gröbl Möbel oder Braunsberger.

In einer solchen Situation sollte der tatsächliche Marktführer unbedingt seine Marktführerschaft in der Kommunikation klarstellen. Wenn er es nicht tut, erlaubt er es einem cleveren Konkurrenten, diese Situation zu nutzen. Genau das machte der Herausforderer XXXLutz, indem man sich in der Werbung als Marktführer präsentierte. (Dabei bezog sich zu Beginn diese Größe auf einziges Möbelhaus von Lutz in Wien.)

Brillant war dabei nicht nur der Name XXXLutz, der alleine schon Größe in der Wahrnehmung suggeriert, sondern auch die Langzeitkampagne mit der Familie Putz und dem Slogan „Was der alles hat". Daneben gab es noch eine unterstützende Kampagne rund um die „Lizenz zum Räumen". Heute ist XXXLutz der klare Marktführer in Österreich, sowohl in den Marktanteilsstatistiken als auch in der Wahrnehmung der Kunden. Das ist die eine Seite. Auf der anderen Seite mutierte der frühere Marktführer Kika-Leiner zum „ewigen" Sanierungskandidaten mit einer eher vagen Zukunft.

Die Nr. 5 als Marktführer

Um die Jahrtausendwende war Edelman PR die fünftgrößte PR-Agentur in den USA. Das ist aus Positionierungssicht maximal die fünftbeste Position, die man haben kann. Aber bei Edelman erkannte man, dass man die größte Eigentümer-geführte PR-Agentur war. Die anderen vier Agenturen in den Top 5 waren Netzwerkagenturen.

Mit dieser Idee „Eigentümer-geführt" baute man sich eine eigene mentale Marktführerschaft als Basis auf. Man positionierte sich schlicht und einfach als die größte Eigentümer-geführte PR-Agentur in den USA. Mit dieser An- und Aussage stieg man zuerst zur führenden PR-Agentur in den USA auf, dann sogar darauf aufbauend weltweit. Was Edelman dabei – mental gesehen – sehr entgegenkam, war, dass sich niemand anderer als die größte PR-Agentur der Welt „outete". Damit entstand der mentale Eindruck, dass es mehrere große PR-Agenturen, aber nur einen Marktführer, nämlich Edelman gab.

Suggestive Marktführerschaft nutzen

In immer mehr Märkten verlieren die Kunden aufgrund des Überangebots an Produkten und Dienstleistungen den Überblick. Damit steigt auf der einen Seite speziell für Marktführer die Gefahr, dass man selbst auf einmal nur als weitere gute Marke unter vielen wahrgenommen wird. Auf der anderen Seite bietet genau das cleveren Herausforderern die Chance, sich eine neue Art der Marktführerschaft zu kreieren.

Wichtig dabei ist, dass man es schafft, selbst einen Nr.-1-Anspruch zu formulieren. Dies kann man etwa wie Edelman machen, indem man sich über die

Eigentumsverhältnisse positioniert. Dies kann man wie XXXLutz machen, indem man einen Standort als Nr. 1 positioniert. Dies kann man etwa aber auch erreichen, indem man eine gewisse Kategorisierung oder Zutat schafft, in der man die Nr. 1 in der Branche ist. So war auch früher der Slogan „Die meistbesungene Versicherung" der Donau Versicherung in Österreich brillant, weil er subtil Größe und Vertrauen kommunizierte. Aber eines ist klar: Das Konzept der suggestiven Marktführerschaft wird im Wettbewerb des 21. Jahrhunderts klar an Bedeutung gewinnen.

Wahrnehmungskiller Marke

Nur viele Unternehmen machen – mental gesehen – genau das Gegenteil. Sie tragen nämlich, wie bereits erwähnt, selbst massiv dazu bei, dass die eigenen Marken in der Wahrnehmung der Kunden immer austauschbarer und schwächer werden. Der Grund dafür: Übertriebene Brand- und Line-Extensions. Nur eines sollte jedem klar sein: Wenn jede Marke in einem bestimmten Produkt- oder Dienstleistungsbereich alles für alle anbietet, dann werden sich zwangsläufig alle ähnlicher und austauschbarer.

Aber es kommt noch viel schlimmer: Denn dann gehen oft auch wichtige Innovationen in der Menge der Innovationen sang- und klanglos unter. Vergleichen Sie einmal Sony mit Apple und stellen sich dazu folgende Frage: An wie viele Innovationen von Sony – wenn man von der PlayStation absieht – und an wie viele von Apple können Sie sich konkret in den letzten 20 Jahren erinnern?

Bei Sony ist es wahrscheinlich gar nicht so einfach, dass man an eine oder mehrere Innovationen konkret denkt. Dabei war Sony sicher in den letzten zwei Jahrzehnten sehr kreativ und innovativ. Bei Apple denken Sie wahrscheinlich sofort an das iPhone, den iPod, das iPad, iTunes, die Apple Watch, Apple ProVision und vielleicht sogar an einige Mac-Modelle.

Als man bei Sony an Walkman, HandyCam oder Trinitron dachte, war auch Sony in Summe als Marke sehr viel stärker positioniert und auch sehr viel wertvoller. So war Sony im Jahr 2000 laut Interbrand 16,41 Milliarden US-Dollar wert, im Herbst 2023 gerade einmal 19,07 Milliarden. Im Vergleich dazu steigerte sich der Markenwert von Apple im selben Zeitraum von 6,59 auf unglaubliche 502,68 Milliarden.

Duracell versus Energizer

Oder wechseln wir in das Land der Batterien. Früher war die Marke Eveready die meistverkaufte Haushaltsbatterie in den USA. Dann lancierte man die erste Alkalibatterie, die doppelt so lange hielt wie die damals üblichen Zink-Kohle-Batterien. Natürlich führte man diese neue Batterie unter der Marke Eveready als Eveready Alkalibatterie ein. So spricht die Unternehmenslogik klar für das Konzept „Nutzung des bekannten Markennamens". Anders sieht es aus Kundensicht aus. Die Kunden nahmen diese neue Batterie nur als weitere Batterie von Eveready, aber nicht als große Innovation wahr.

Sechs Jahre später lancierte das Unternehmen P.R. Mallory ebenfalls eine Alkalibatterie. Nur gab man dieser Batterie einen neuen eigenständigen Markennamen, der zudem auch die Positionierung „hält entscheidend länger als herkömmliche Zink-Kohle-Batterien" unterstrich. Die Rede ist natürlich von Duracell. Heute ist Duracell nicht nur in den USA, sondern weltweit die meistverkaufte Alkalibatterie. Bei Eveready sah man sich daher gezwungen, die Eveready Alkalibatterie in Energizer umzutaufen. Nur das erfolgte eindeutig zu spät.

Compaq und Dell versus IBM

Interessant dazu ist auch der Markt für Personal Computer. Hier werfen immer noch viele Experten im Nachhinein IBM vor, dass man zu langsam auf den Trend zu kleineren Computern, allen voran auf den PC, reagiert hätte. Aber das ist alles andere als richtig. Im August 1981 präsentierte IBM den ersten Business-PC auf MS-DOS-Basis, den IBM 5150.

Mit diesem Modell stieg IBM schnell zum PC-Weltmarktführer auf. So hieß es auf der Titelseite von BusinessWeek am 3. Oktober 1983: „Personal Computers and The Winner is ... IBM." Nur als die PC-Spezialisten Compaq und Dell auftauchten, bekam IBM schnell ein Problem in der Kundenwahrnehmung.

So wurde der IBM-PC in der Wahrnehmung auf einmal nur als „PC aus dem Hause IBM" und nicht als „der PC" gesehen. Diese Position übernahmen zuerst Compaq und dann Dell mit dem Direktvertrieb. Die Folge: IBM verlor relativ rasch die Marktführerschaft an die beiden PC-Spezialisten. Compaq und Dell wurden dann als die echten und wahren PC-Experten wahrgenommen.

Apple, das vergessene Markenerbe und OpenAI

Einer, der wusste, wie wichtig für neue Kategorien eigenständige Markennamen im Sinne der wahrgenommenen Pionierrolle und Marktführerschaft sind, war mit Sicherheit, wie bereits erwähnt, Steve Jobs. Er brachte Apple mit Marken wie iPod, iTunes, iPhone und iPad nachhaltig auf die Straße des Erfolgs. Spannend dabei ist, dass Apple seitdem anscheinend nicht mehr daran interessiert ist, starke Marken mit einem starken mentalen und dann tatsächlichen Führungsanspruch zu bauen.

Apple Watch, Apple Music, Apple TV+ und selbst Apple ProVision werden in der Wahrnehmung und im Gedächtnis nie die Markenkraft à la iPhone erreichen können. Der Grund: Es fehlt ein echter eigenständiger Markenname. Anders ausgedrückt: Die Apple Watch wird immer nur die Watch von Apple bleiben, während das iPhone viel mehr als nur das Smartphone von Apple ist. So spricht niemand vom Apple Smartphone, sondern immer nur vom iPhone.

Wer es aktuell perfekt macht, ist OpenAI. Mit der Marke ChatGPT besitzt man bereits den verbalen Teil der KI in der Wahrnehmung und im Gedächtnis der Kunden. Mit der zweiten Marke Sora kommt jetzt der visuelle Videoteil der KI an die Reihe. Genau diese Art der Namensgebung war und ist noch die Stärke von Facebook (jetzt Meta) mit den Marken Facebook, Instagram und WhatsApp. (Ideal wäre natürlich aus Markensicht, wenn auch TikTok eine Marke in diesem Portfolio wäre.)

First-Mover versus First-Minder

Damit sollte man auch, wie bereits eingangs erwähnt, neu über den berühmten First-Mover-Advantage denken. Denn entscheidend ist nicht, wer der First-Mover am Markt ist, entscheidend ist, wer der First-Minder in der kollektiven Wahrnehmung und im kollektiven Gedächtnis ist. Dabei kann – speziell auch bei Start-up-Unternehmen – der CEO eine ganz bedeutende Rolle spielen.

Der Grund dafür sind die analogen und digitalen Medien. Niemand kann eine neue Produkt- oder Dienstleistungskategorie interviewen und niemand kann eine neue Produkt- oder Dienstleistungskategorie besser, nachhaltiger und glaubwürdiger präsentieren als der CEO. Genau deshalb waren und sind

CEOs wie Steve Jobs (Apple), Michael O'Leary (Ryanair) oder Elon Musk (Tesla) so wichtig für den Medien-, Marken- und Markterfolg.

Aber auch etablierte Marken können enorm an Beachtung gewinnen, wenn der CEO oder der Geschäftsführer aktiv in PR und Werbung auftritt. So konnte Liqui Moli massiv an Sichtbarkeit und an Marktanteilen gewinnen, als der frühere Geschäftsführer Ernst Prost aktiv für die Marke und den deutschen Standort in PR und Werbung eintrat.

Viele Marken verkaufen sich heute mit Sicherheit unter ihrem Wert und Potenzial, weil man den CEO und damit das volle Medienpotenzial nicht nutzt. So wurde etwa auch BMW unter dem Vorstandsvorsitzenden Eberhard von Kuenheim sicher mehr als Branchensprecher im Premiumsegment als heute unter CEO Oliver Zipse wahrgenommen. Das Gleiche gilt natürlich auch für VW, wenn man etwa Ferdinand Piëch mit Oliver Blume vergleicht.

Drei entscheidende Punkte

Daraus ergeben sich drei entscheidende Punkte, die man aus Siegermarken-Sicht unbedingt immer berücksichtigen sollte:

(1) Eine neue Kategorie oder eine neue Idee ist erst dann vergeben, wenn diese von einer Marke bereits in den Köpfen der angestrebten Kunden besetzt ist. Das Argument „Das macht bereits unser Mitbewerb" zählt erst, wenn dieser Mitbewerb die neue Kategorie oder Idee bereits auch in der Wahrnehmung besetzt hat.

(2) Wenn Sie eine neue erste Kategorie erfunden oder gefunden haben, sollten Sie alles daran setzen, diese so schnell wie möglich mit dem richtigen Markennamen in den Köpfen der Kunden zu besetzen. (Warnhinweis: Dabei sollte man vor allem auf analoge und digitale PR, PR und noch einmal PR setzen. Werbung mag zwar kurzfristig viel schneller als PR erscheinen, verpufft aber meist noch sehr viel schneller ohne echte nachhaltige Wirkung. Das gilt analog und digital. Zudem fehlt der Werbung oft die notwendige Glaubwürdigkeit, um eine neue Kategorie und Marke wirklich zu etablieren.)

(3) In vielen Fällen muss man selbst nicht kreativ sein. Man muss sich nur am Markt umsehen, welche Kategorien oder Ideen es gibt, die noch nicht in der breiten Öffentlichkeit bereits von einer Marke besetzt sind. Dabei kann es

enorm Sinn machen, auch einen Blick in andere Länder zu werfen. Ryanair war mit Sicherheit nicht der Erfinder der Kategorie „Diskontfluglinie". So nahm Southwest Airlines bereits 1971 als Diskontfluglinie den Betrieb auf und ist heute die größte Diskontfluglinie der Welt. Ryanair übernahm 1985 das Konzept für Europa und ist heute hier die führende Diskontfluglinie. 2019 – vor Corona – war man mit 152 Millionen Passagieren bereits die größte Fluglinie Europas. Nach Einbrüchen durch die Pandemie brach man 2023 einen neuen Passagierrekord mit 169 Millionen.

Alkoholfreies Bier neu aufladen

Bier ohne Alkohol wird von vielen Brauereien in vielen Ländern dieser Erde mehr als nur stiefmütterlich behandelt. Das galt und gilt natürlich speziell auch für die USA. Das war sicher auch ein Mitgrund, warum der Markt für alkoholfreies Bier in den USA 2017 gerade einmal 100 Millionen US-Dollar schwer oder besser leicht war. So wurde und wird Bier ohne Alkohol maximal als eine weitere Sorte unter den bestehenden Marken geführt. Das führt natürlich auch aus Wahrnehmungssicht dazu, dass keine Marke speziell mit alkoholfreiem Bier in den USA verbunden wurde.

Diese Chance nutzte Bill Shufelt, um 2018 mit seiner Marke Athletic Brewing zu starten. So war Athletic Brewing nicht nur als Marke zu 100 Prozent alkoholfrei, sondern er brach sonst mit drei Regeln: (1) Er wählte einen für die Bierbranche ungewöhnlichen Namen, der sich damit auch klar von Budweiser, Coors, Miller, Corona und Heineken abhob. (2) Er setzte auf viele verschiedene Geschmacksrichtungen und (3) er setzte speziell zu Beginn massiv auf den Direktvertrieb über den eigenen Onlineshop. Im Sommer 2019 erfolgte der erste richtige Durchbruch. Heute ist Athletic Brewing mit einem Umsatz von über 90 Millionen US-Dollar der klare Marktführer bei alkoholfreiem Bier in den USA und will international expandieren.

Radebergers vertane Chance

Wechseln wir in die deutsche Bierbranche: Manchmal kann man auch das Glück haben, dass in der eigenen Markengeschichte die Chance „versteckt" ist, sich als Nr. 1 in einer bereits etablierten Kategorie zu positionieren. Dazu sollten wir uns einmal Radeberger Pilsener näher ansehen.

2024 überarbeitete die Radeberger Exportbierbrauerei ihre Kernmarke Radeberger Pilsener komplett, vom Logo über das Packaging bis hin zum Werbeauftritt und Slogan. Dieser lautet nun „Auf die Leidenschaft". Nur wird dieser Slogan Radeberger wirklich differenzieren und wird er vor allem gemeinsam mit der Werbelinie die Position von Radeberger Pilsener in der Wahrnehmung der Kunden wirklich nachhaltig verbessern? Das ist die eine Frage, die man sich stellen kann.

Aber es gibt noch eine ganz andere? Würde es nicht einen effektiveren Ansatz geben und was unterscheidet Radeberger wirklich von allen anderen deutschen Biermarken? Antwort: Radeberger war die erste deutsche Brauerei, die nach Pilsener Art braute. Genau hier könnte – psychologisch gesehen – eine sehr viel stärkere Idee „schlummern". Dazu müsste man zwei Punkte in der Werbung beachten:

(1) Man müsste zuerst einmal aufzeigen, dass der Biermarkt für die Kunden unüberschaubar ist.

(2) Man müsste dann Radeberger aus dieser Masse heben.

Dazu könnte man in einem Werbespot aufzeigen, dass es in Deutschland über 1.500 Brauereien gibt, um dann ein für alle Mal klarzustellen, dass es nur eine Original-Pilsbier-Brauerei in Deutschland gibt. Damit würde man Radeberger Pilsener auch sehr viel stärker als den Pionier und auch als suggestiven Marktführer positionieren. (Nur wahrscheinlich ist dieser Ansatz dem Marketing und der Werbeagentur viel zu wenig kreativ.)

Von Chobani lernen

Wie man zum Kategorie- und Marktführer in einer bestehenden Kategorie aufsteigen kann, zeigt auch die Joghurtmarke Chobani. Über Jahre oder besser Jahrzehnte war Fage das meistverkaufte griechische Joghurt in den USA. Nur sah man bei Fage griechisches Joghurt immer nur als eine Art „Nischenmarkt" oder vielleicht sogar nur „Supernischenmarkt".

Anders Hamdi Ulukaya! Er sah griechisches Joghurt als nationalen Zukunftsmarkt in den USA. So positionierte er seine neugeschaffene Marke Chobani national als das griechische Joghurt und steigerte damit den Marktanteil am gesamten amerikanischen Joghurt-Markt von einem Prozent im Jahr 2007 auf über 20 Prozent im Jahr 2021. Heute ist Chobani die meistverkaufte Joghurtmarke in den USA.

Innovation und Branding

Damit sollte man zusammenfassend auch die wichtigen Erfolgssäulen Branding und Innovation nie getrennt sehen und isoliert planen. Speziell bei Innovationen, die das Potenzial zur neuen Kategorie in der Wahrnehmung und am Markt haben, sollte man sehr genau überlegen, mit welchem Markennamen man diese versieht. Im Zweifelsfall sollte man eine Namensgebung wählen, die einem alle Zukunftsoptionen offen lässt.

Das heißt: Wenn man eine neue Kategorie findet oder erfindet, sollte man nicht nur dieser einen starken Kategorienamen geben, man sollte dazu auch einen starken Markennamen entwickeln und positionieren. Hier haben schon viele Unternehmen enormes Potenzial à la IBM mit dem PC, Eveready mit der Alkalibatterie oder Nissan mit dem Elektroauto liegen lassen.

• •

LEKTION #3

Vergessen Sie den berühmten First-Mover-Advantage. Fokussieren Sie, wenn Sie eine neue Marke in einer neuen Kategorie bauen wollen, vor allem auf den First-Minder-Advantage. Es geht auch nicht darum, wer bereits am Markt tätig ist, es geht wirklich darum, wer als erste Marke eine Kategorie in der kollektiven Wahrnehmung und im kollektiven Gedächtnis nachhaltig erobert. Aus diesem Grund kann auch die alleinige Analyse der harten Zahlen, Daten und Fakten viel zu wenig bzw. sogar irreführend sein.

• •

Kapitel 4

Denkmuster Wettbewerb (oder die Macht der ersten Alternative)

Niemand auf dieser Erde möchte gerne nur einem Angebot ausgesetzt sein. Wir lieben oder besser unser Gehirn liebt es, wenn man auswählen kann. Nur genau dabei kann wiederum zu viel Auswahl im wahrsten Sinne des Wortes zu viel sein. Im Idealfall gibt es mental eine Nr. 1 und eine starke erste Alternative dazu. Genau auf diese Position der ersten Alternative sollten starke Herausforderer daher bewusst abzielen.

Unser Gehirn liebt Entweder-oder-Entscheidungen. Kaffee oder Tee? Wein oder Bier? Wenn Wein, dann Weißwein oder Rotwein. Genau das ist etwa auch das Problem von Roséwein. So gut wie niemand fragt: „Weißwein, Rotwein oder Roséwein?" Genau aus diesem Grund antworten viele auf die Frage „Was hättest du heute gerne zum Abendessen?" mit der Gegenfrage „Was haben wir zuhause?". Auswählen ist einfacher als selbst nachzudenken. Auswählen aus zwei Alternativen wiederum ist einfacher, als sich in zu viel Auswahl mental zu verlieren.

Aber nicht nur Kunden lieben diese Entweder-oder-Entscheidungen, auch der Handel möchte nie nur einem Lieferanten ausgeliefert sein. Das ist ein weiterer Grund dafür, warum es in vielen Produktkategorien, speziell aber in jenen, die über den Handel vertrieben werden, zwei dominante Markenanbieter, den Marktführer und die erste Alternative gibt. Dann folgen in der Regel eine oder mehrere Eigenmarken und der Rest des Markenfeldes.

Genau hier, also in diesem „Entweder-oder" liegt die große Chance für Herausforderer in der Markenwelt. Diese, also die Herausforderer, sollten sich aktiv als die erste Alternative zum Marktführer darstellen. Sie sollten also bewusst Teil einer Entweder-oder-Entscheidung werden. Das erfordert aber, dass der eigene Nachdenkprozess über die eigene Markenzukunft mit der dominanten Position des Marktführers in der Wahrnehmung und im Gedächtnis der Kunden starten sollte.

Wettbewerbs- statt Kundenorientierung
Was dabei aber vielen Entscheidern im Wege steht, ist das Thema Kundenorientierung oder moderner ausgedrückt: Customer Centricity. Das Problem der meisten Herausforderer ist nämlich weder der Kunde noch die Kundenorientierung. Das Problem der meisten Herausforderer ist die dominante Position des Marktführers in der Kundenwahrnehmung und am Markt.

Das Problem von Bing ist weder der Kunde an sich noch die Kundenorientierung, es ist die dominante Position von Google. Das Problem von Pepsi-Cola ist weder der Kunde an sich noch die Kundenorientierung, es ist die dominante Position von Coca-Cola. Das Problem hunderter Energydrinks ist weder der Kunde an sich noch die Kundenorientierung, sondern die dominanten Positionen von Red Bull als Marktführer und von Monster als erste Alternative zu Red Bull.

Vorsicht vor der „Besser als"-Falle

Das zweite Thema, das vielen Entscheidern dabei im Weg steht, ist das Thema Qualität. So klingt es aus Managementsicht logisch, dass sich letztendlich das beste Produkt oder die beste Dienstleistung durchsetzt. Nur aus Kundensicht oder besser aus Sicht der Kundenwahrnehmung sieht das Ganze etwas anders aus. Dazu einige Fragen:

→ Baut VW wirklich objektiv bessere Autos als Opel oder Ford?

→ Macht McDonald's wirklich objektiv bessere Hamburger als Burger King oder eine andere Burger-Kette?

→ Ist ein iPhone wirklich objektiv in allen Facetten besser als ein Smartphone von Samsung, Vivo, Oppo oder Xiamo?

→ Wäscht Persil wirklich die Wäsche besser oder reiner als Ariel, Omo, Dash oder der Weiße Riese?

→ Schmeckt Coca-Cola wirklich besser als Pepsi-Cola, Fritz Kola oder Afri-Cola?

In der Theorie mag Qualität ein einfaches Konzept sein, in der Praxis ist es gar nicht so einfach zu definieren. So hat Qualität aus Kundensicht enorm viel mit dem Prinzip der sozialen Bewährtheit (Herdentrieb), aber auch mit subjektiven Eigenschaften wie Gefallen oder Geschmack zu tun.

Das große mentale Problem der Herausforderer

Das führt dann dazu, dass man als Berater immer wieder folgenden Satz von Nicht-Marktführern zu hören bekommt: „Ich verstehe das nicht. Unsere Produkte und Dienstleistungen sind mindestens so gut wie des Marktführers, wenn nicht sogar besser. Das wissen wir aus diversen Tests. Zudem sind unsere Produkte und Dienstleistungen auch noch günstiger. Das wissen wir aus den Preislisten und auch aus den gegebenen Rabatten. Nur die ‚dummen' Kunden begreifen es einfach nicht."

Verstehen Sie mich bitte nicht falsch. Es spricht ganz und gar nichts dagegen, wenn man das beste und kundenfreundlichste Produkt hat, es reicht nur meistens alleine nicht aus. Wenn Sie als Herausforderer wirklich einen Marktführer fordern möchten, sollten Sie Ihre Marke als die eine erste Alternative zum Marktführer in der Wahrnehmung und im Gedächtnis der Kunden etablieren und positionieren.

Das heißt: Sie sollten ganz aktiv Teil einer Entweder-oder-Entscheidung werden. Gleichzeitig erhöhen Sie so zudem den Druck auf die anderen Marktteilnehmer, die im Schatten des Marktführers und des ersten Herausforderers stehen. Es ist sicher für jeden Energydrink extrem hart, gegen Red Bull anzutreten. Es ist aber noch härter gegen Red Bull und Monster anzutreten.

So zeigt die Studie „Rivalry Reference Effect" der Hochschule Hannover, die im Journal of Marketing Research veröffentlicht wurde, dass rivalisierende Beziehungen zwischen Marken wie McDonald's und Burger King, Coca-Cola und Pepsi-Cola oder Apple und Samsung jeweils auf die Konten beider Marken einzahlen. Dieser „Rivalen-Effekt" tritt nicht nur bei loyalen Anhängern einer Marke auf, sondern auch bei neutralen Konsumenten, die noch keine klare Markenpräferenz haben.

Zudem entsteht so der Eindruck für die Allgemeinheit, dass es eigentlich nur zwei echte Alternativen gibt. Das wird dann oft noch durch die Medien verstärkt, die auch gerne über Markenrivalitäten berichten. Davon profitierte und profitiert auch Tesla überproportional, weil man aktuell der elektrische Rivale Nr. 1 der gesamten etablierten Autoindustrie ist.

Die mentale Ausgangsbasis verstehen

Das heißt aber auch: Wenn man aktiv eine Alternativposition zum Marktführer sucht, sollte man vor allem und zuerst dessen Position in der Wahrnehmung der Kunden analysieren, verstehen und vor allem auch anerkennen. Es geht also darum, dass man den Gesamtkontext aus Sicht der Kundenwahrnehmung und damit auch aus Sicht des Kundengedächtnisses versteht.

Wie etwa schaffte es BMW, dass man vom Krisenkandidaten zum globalen Herausforderer Nr. 1 von Mercedes-Benz wurde, der es zudem auch immer wieder schaffte, selbst globaler Marktführer im Premiumsegment zu sein? Um das zu verstehen, macht es wenig Sinn, dass man sich BMW heute ansieht. Vielmehr geht es darum, dass man die Erfolgsgeschichte von BMW speziell im mentalen Kontext der 1960er Jahre versteht. Damals wurde die Markenbasis gelegt.

Zu dieser Zeit war BMW massiv in der Krise und gleichzeitig war ein Mercedes-Benz tatsächlich und vor allem auch in der Wahrnehmung ein „fahrendes Wohnzimmer". Ein Mercedes war der Inbegriff von Luxus und

Fahrkomfort. Zudem war es damals – im Gegensatz zu heute – technisch nicht möglich, ein Auto zu bauen, das gleichzeitig wirklich sportlich und wirklich komfortabel war.

Genau in diesem Kontext machte es enorm Sinn, dass BMW mit Fahrfreude auf das positive Gegenteil zu Fahrkomfort setzte. „Aus Freude am Fahren" war damit auch sehr viel mehr als nur ein Werbeslogan, es war die zentrale Marken- und Unternehmensphilosophie, die sich ganzheitlich in der Marke BMW widerspiegelte und bis heute widerspiegelt. Vor allem die damaligen Modelle 1500, 1600, 1800, 2000ti und 2000tii verkörperten das Thema Fahrfreude perfekt auf den Straßen.

Fahrfreude auf Schwedisch

Um das strategische Denken dahinter besser zu verstehen, sollten wir einen Ausflug in das Jahr 1997 machen. Im Mai dieses Jahres diskutierten Al Ries und ich in Köln über die Zukunft der Automarke Saab. Damals wurde Saab in der kollektiven Wahrnehmung, aber vor allem bei Kennern der Marke mit schwedisch, sicher, individuell, aber auch sportlich verbunden. All dies wären keine schlechten Werte gewesen, wenn Saab das meistverkaufte schwedische Auto gewesen wäre. Nur das war und ist Volvo in der Wahrnehmung und am Markt. So stand und steht Volvo für schwedisch und vor allem auch für sicher.

Was aber ist das positive Gegenteil zu „sicher"? Mit Sicherheit nicht „unsicher". Das wahrscheinlich stärkste positive Gegenattribut zu „sicher" in der Autowelt dürfte „Fahrfreude" sein. Nehmen Sie etwa ein kleines, wendiges Cabrio! Das ist mit Sicherheit weniger sicher als ein großes, schweres SUV. Aber speziell im Sommer bereitet es sicher für viele sehr viel mehr Fahrfreude. Genau hier taucht das nächste Problem aus Markensicht auf. Die Position „Fahrfreude" ist bereits von BMW in den Köpfen der Kunden besetzt.

Damals war BMW aber vor allem für Autos mit Heckantrieb bekannt. Unsere Idee für Saab lautete daher: „Fahrfreude auf Schwedisch" oder „The Swedish Driving Machine". Nur dazu hätte man bei Saab konsequent und serienmäßig auf Allradantrieb setzen müssen. Verbunden mit den leistungsstarken Motoren von Saab wäre das dann wirklich „schwedische Fahrfreude" gewesen. Allerdings wurde diese Automarke 2012 dann zum Entsetzen der verbleibenden Saab-Enthusiasten „beerdigt". „Fahrfreude auf Schwedisch" wäre vielleicht die eine Idee gewesen, um die Marke nachhaltig zu positionieren und damit auch zu retten.

Samsung Galaxy versus iPhone

Wenn man heute einen Blick auf die meistverkauften Smartphone-Modelle dieser Welt 2023 laut dem Marktforscher Countersearch wirft, wird man doch etwas überrascht sein, dass man global nur zwei Marken findet. Das sind diese Top 10: (1) iPhone 14, (2) iPhone 14 Pro Max, (3) iPhone 14 Pro, (4) iPhone 13, (5) iPhone 15 Pro Max, (6) iPhone 15 Pro, (7) iPhone 15, (8) Samsung Galaxy A14 5G, (9) Samsung Galaxy A04e und (10) Samsung Galaxy A14 4G.

Für Samsung waren vor allem zwei Punkte entscheidend: Erstens schaffte man es frühzeitig, dass man sich als Marktführer bei Smartphones mit Android-Betriebssystem etablierte. Damit war man die klare Nr. 1 in der Gegenwelt zu Apple. Dies führte auch schnell dazu, dass man von der Rivalität zwischen Apple-Fans und Apple-Bashern profitierte.

Zweitens setzte man selbst einen echten Standard, als man 2011 das Samsung Galaxy Note präsentierte. Mit seinem 5,3 Zoll großen Display war es zu seiner Zeit nahezu riesig, vor allem im Vergleich zum iPhone 4, das gerade einmal einen 3,5-Zoll-Bildschirm hatte. Über drei Jahre setzte Samsung auf die Idee des größeren Bildschirms. Erst mit dem iPhone 6 Plus, das einen 5,5 Zoll Bildschirm hatte, übertrumpfte Apple das erste Mal Samsung bei der Bildschirmgröße. Aber für Samsung waren diese drei Jahre mitentscheidend, um wirklich als die Alternative wahrgenommen zu werden.

Für und wider Abtreibung

Speziell bei politischen oder auch gesellschaftlichen Themen kann es eine große Rolle spielen, wie man sich gekonnt bei einer Entweder-oder-Kontroverse positioniert. Dazu sollten wir einen Blick in die USA werfen, wenn es um das umstrittene Thema Abtreibung geht.

Die Abtreibungsgegner in den USA haben einen extrem starken Zusammenhalt unter dem Slogan „Pro Life". Man tritt also ganz aktiv für das Leben und gegen die Abtreibung auf. Wie aber kann man sich positiv von der „Pro Life"-Idee differenzieren? Die Befürworter der Abtreibung fanden diese eine positive Gegenidee in „Pro Choice". Sie treten für die Wahlfreiheit der Frau ein.

So haben beide Bewegungen jeweils eine starke positive Idee. Genau aber hier liegt oft auch die große Schwierigkeit, wenn man sich als Herausforderer gegen einen Marktführer positionieren möchte. Es geht nicht darum, dass man den Marktführer „schlecht" macht, wie es etwa aktuell in der Politik unter dem Deckmantel des Dirty Campaigning oft praktiziert wird. Es geht darum, dass man selbst eine positive Idee findet, die man dann gegen den Marktführer positionieren kann. (Dirty Campaigning führt in vielen Fällen nur dazu, dass in Summe alle Politiker und Politikerinnen eines Landes als unfähig wahrgenommen werden. Das ist die kumulative Wirkung dieser Art von Kampagne.)

Avis gegen Hertz

Psychologisch betrachtet war mit Sicherheit eine der besten Herausforderer-Kampagnen aller Zeiten die „We try harder"-Kampagne von Avis in den 1960er Jahren. Auf den ersten Blick ist diese Aussage „We try harder" eine klassische Behauptung, die man glauben mag oder auch nicht. Was die Kampagne aber so brillant machte, war, dass man subtil den Bezug zur wahrgenommenen Nr. 1, also zu Hertz, herstellte.

Man kommunizierte nämlich nicht nur „We try harder" in Isolation, sondern „Avis is only No. 2 in rent-a-cars, so why go with us. We try harder." Damit erreichte man mental zwei Punkte: (1) Die Aussage wurde glaubwürdig, weil man zuerst zugab, dass man nur die Nr. 2 ist. So klingt es nachvollziehbar, dass man sich als Nr. 2 mehr anstrengen muss. Gleichzeitig erzeugt man subtil den Eindruck, dass sich der Marktführer, also Hertz, nicht mehr so richtig anstrengt. (2) Man suggerierte so im Kopf der Kunden, dass man eigentlich nur zwischen zwei echten Alternativen, nämlich Hertz und Avis, auswählen kann.

Pepsi-Cola und Burger King

Genau auf diese Art der Strategie setzten vor allem in den USA auch Pepsi-Cola und Burger King in ihren besten Zeiten. Burger King landete den ersten Volltreffer gegen McDonald's mit der „Have it your way"-Kampagne. Mit dieser differenzierte man sich geschickt vom „Einheitsburgersystem" von McDonald's. Vom zweiten Volltreffer, nämlich „Gegrillt statt gebraten", hätte man sich nie verabschieden sollen. Mit dieser Kampagne und den flammen-gegrillten Burgern hätte man sich wirklich eine dauerhafte Erfolgs-position aufbauen können.

Auch Pepsi-Cola hatte zwei brillante Kampagnen in den 1970er und 1980er Jahren in den USA. In der sogenannten „Pepsi-Challenge" setzte man massiv auf Blindtests, die aufzeigten, dass Pepsi-Cola objektiv besser schmeckt als Coca-Cola. Damit traf man Coke sicher an einem wunden Punkt. Noch stärker war aber die „Choice of a new generation"-Kampagne, in der man mit vielen damals populären Stars inklusive Michael Jackson Coke als „alt und out of touch" repositionierte. Als Pepsi diese Kampagne in den 1990er Jahren aufgab, verlor man nicht nur an wahrgenommener Rivali-tät zu Coca-Cola, sondern auch den roten Faden in der Markenführung.

Pepsi-Colas vertane Chance

So ist es auch nicht verwunderlich, dass sich Pepsi-Cola heute nach den guten alten Zeiten der 1970er und 1980er Jahre retour sehnt. Genau aus diesem Grund gibt es jetzt auch ein neues Pepsi-Logo und Pepsi-Design, das wieder ganz stark an das Logo dieser guten alten Zeit angelehnt ist. Dazu hieß es auf Horizont Online am 1. März 2024: „Vor einem Jahr kündigte Pepsi einen neuen globalen Markenauftritt an. Nachdem das erste Redesign seit 14 Jah-ren im letzten Herbst zunächst in Nordamerika eingeführt wurde, folgt jetzt der globale Rollout in über 120 Märkten. Begleitet wird dieser mit spektaku-lären Events in aller Welt."

Ergänzend erklärte Eric Melis, der bei PepsiCo als Vice President Global das Brand Marketing der Sparte Carbonated Soft Drinks verantwortet: „Wir wollen zeigen, wie Pepsi mithilfe der neuen visuellen Identität seine Marken-plattform ‚Thirsty for More' mit Leben füllt – das Lebensgefühl und die Mentalität unserer Zielgruppe, immer neue Dinge auszuprobieren und neue Erfahrungen zu machen."

Was leider aus Sicht der Kundenwahrnehmung fehlt, ist die eine starke Idee, die Pepsi-Cola wieder aus dem mentalen Schatten von Coca-Cola holt. Denken Sie an Cola, denken Sie an Coca-Cola. Daran wird weder das neue Design, noch die spektakuläre Einführung, noch die Markenplattform „Thirsty for More" etwas ändern. Selbst die aktuelle Sneakers-Kollektion im Pepsi-Design, die in einer Kooperation mit der Marke Kangaroos entstand, ist hier maximal aus Markensicht nette Kosmetik.

Was aber hätte man bei Pepsi-Cola tun können? Man hätte die „Choice of a new generation"-Kampagne wieder aufleben lassen können. Dazu hätte man diese neben aktuellen Stars auch mit einer neuen konkreten Idee wiederbeleben müssen. Ganz wichtig wäre dabei gewesen, dass diese Idee wieder mit Coke auf Konfrontationskurs geht. Frage dazu: Was war und ist die große Stärke von Coke? Antwort: Die Original-Position und die Originalrezeptur mit Zucker.

Hier hätte Pepsi-Cola ansetzen können, um als erste Cola-Marke der Welt generell auf Zucker zu verzichten. Dazu hätte man Pepsi Max zum Leadprodukt machen müssen. Darauf aufbauend hätte man jede Menge Stars aus der Welt der Musik und des Sports engagieren müssen, die in der Werbung, egal ob analog oder digital, diese Idee emotional transportiert hätten. Dies hätte wahrscheinlich auch zu massiver PR geführt und das Original aus Atlanta massiv unter Druck gesetzt.

Red Bull versus Monster …

In der großen globalen Welt der Energydrinks gibt es aktuell zwei große Marken, nämlich Red Bull und Monster. Interessant dabei ist, dass zu Beginn so gut wie alle Mitbewerber von Red Bull den Marktführer kopierten. Man setzte auf ähnlichen Geschmack, ebenfalls auf die kleine Slimdose und natürlich auf einen Tiernamen wie etwa Power Horse, Flying Horse, Shark, Dark Dog oder sogar Blaue Sau.

Was machte Monster Energy? Man vermied nicht nur einen Tiernamen und ein dazu passendes Tierlogo, sondern man setzte auf den Namen Monster und das Krallen-Logo. Zudem aber setzte man auf eine doppelt so große Dose. Das Ganze fasste man dann unter dem Slogan „The meanest energy supply" zusammen. Genau so wurde man zum großen Herausforderer des Roten Bullens.

… und C4 versus Celsius

Interessant dabei ist, dass klassische Energydrinks wie Red Bull und Monster Energy von der Fitnessszene gemieden werden. Hier geben Sportgetränke wie Gatorade oder Powerade den Ton an. Genau diese Ausgangssituation nutzten und nutzen zwei Energydrink-Marken in den USA, nämlich C4 und Celsius.

Beide Marken bauten und bauen eine echte Gegenwelt zu den traditionellen Energydrinks auf.

So gehen beide Marken in die echte Sport- und Fitnesswelt, nicht nur im Sinne von Sponsoring, sondern so, dass man fokussiert auf zwei Sportarten oder besser Sportwelten abzielt. C4 fokussiert mit dem Thema „Muskelausdauer" auf die Kraft- und Fitnessszene, Celsius mit „Movement" auf die Lauf- und Fitnessszene.

Beide heben sich so nicht nur klar von herkömmlichen Energydrinks ab, die von Sportlern und sportlich Aktiven oft nur als „ungesund" abgetan werden, sondern auch von klassischen Sportgetränken wie Gatorade oder Powerade, die im Gegensatz zu C4 und Celsius zu wenig Leistung und Performance versprechen. Und beide zählten in den letzten Jahren zu den wachstumsstärksten Energydrink-Marken in den USA.

Der amerikanische Wasserschocker

Mineralwasser findet man normalerweise in Flaschen, egal ob Glas oder PET. Zudem wird Mineralwasser brav vermarktet. Es geht um Natur, Herkunft und vielleicht auch noch um ideale Mineralisierung oder um ein wenig Sport oder, wenn der Markeninhaber ganz mutig ist, ein wenig Erotik. Niemand auf dieser Erde würde auf die Idee kommen, dass man Wasser in Dosen abfüllen und diese dann noch im Stil von Energydrinks aggressiv vermarkten könnte.

Niemand? Wirklich niemand? Im Jahr 2017 meldete Mike Cessario, ein ehemaliger Netflix-Kreativdirektor, die Marke „Liquid Death" für Mineralwasser in Dosen an. Im Januar 2019 startete er mit dem Verkauf über die eigene Website, später folgte der Schritt in Bars, Tattoo-Läden und Barbershops, vor allem in Los Angeles und Philadelphia.

Heute ist die Marke unter anderem auch in Supermärkten und Seven Eleven Shops vertreten. Für 2021 gab man bereits den Umsatz mit 45 Millionen US-Dollar an. Im Januar 2022 lag der Unternehmenswert bei 525 Millionen US-Dollar. Der Slogan lautet – passend zum Markennamen und Dosendesign – „murder your thirst". 2023 lag der Umsatz in den USA und UK bei 263 Millionen US-Dollar. Als Herkunft setzt man dabei immer klar auf 100 Prozent Bergquellwasser.

Tic Tac, Altoids und Fisherman's Friend

Sowohl dies- als auch jenseits des Atlantiks war und ist Tic Tac bei Bonbons der Inbegriff für milde Pfefferminzfrische. Bis um die Jahrtausendwende war die Marke sogar die Nr. 1 bei Pfefferminzbonbons in den USA. Also setzte der Herausforderer Altoids genau auf die gegenteilige Position, nämlich auf „extra-scharf". Oder wie es in der Werbung und auch auf der Verpackung lautet: „The Original Celebrated Couriously Strong Peppermints". Damit stieß man Tic Tac dann vom Thron.

Dazu nutzte Altoids, wie oben erwähnt, sehr geschickt auch die Verpackung als Träger der Positionierung und des Positionierungsslogans. Genau hier lassen viele Unternehmen enormes Potenzial liegen. Auf der einen Seite klagt man, dass Werbung immer teurer wird. Auf der anderen Seite lässt man die wahrscheinlich wichtigste Gratiswerbefläche, nämlich die Verpackung, am Point of Sale aus Markensicht links liegen.

Was Altoids in den USA machte, gelang hierzulande Fisherman's Friend mit einem ebenfalls brillanten Slogan, nämlich „Sind sie zu stark, bist du zu schwach". (Aus Markensicht ist es aktuell keine gute Idee, dass man diesen Slogan nur auf die Frage „Sind sie zu stark?" reduziert. Damit geht nämlich das Sprachmuster „Gegenteil" und folglich ein Teil der Merkfähigkeit verloren.)

Design versus Effizienz

Natürlich kann dieser Ansatz auch in der B2B-Markenwelt funktionieren. So war Bene nicht nur der Marktführer bei Büromöbeln in Österreich, sondern stand als Marke klar auch für überlegene Designkomptenz. So wurde Bene in der Wahrnehmung und im Gedächtnis nicht nur mit Büromöbeln, sondern vor allem auch mit Design verbunden.

Was hätte hier der Herausforderer Hali, die Nr. 2 am Büromöbelmarkt, tun können? Die Schlüsselfrage dazu: Was ist das positive Gegenteil zu Design? Was viele oft am Design bemängeln, ist die mangelnde Funktionalität. „Design ist wichtig, Funktionalität ist wichtiger", hätte so eine starke und dauerhafte Positionierung von Hali werden können.

Nike versus Adidas

Speziell durch die Globalisierung und die Digitalisierung können sich aber mental gelernte Markenduelle auch verschieben. Nehmen Sie den Markt für Sportschuhe und Sportbekleidung. Hier hatten wir früher in Europa das große Markenduell Adidas versus Puma, in den USA wiederum das große Duell Nike versus Reebok. Heute wird daraus immer öfter das globale Duell Nike versus Adidas.

Nur, damit muss Adidas von einer europäischen Marktführerstrategie auf einmal auf eine globale Herausforderstrategie wechseln. Statt selbst der mentale Maßstab zu sein, muss man global auf einmal Nike als mentalen Maßstab akzeptieren. So ist Nike global gesehen klar die stärkere Marke. Dies zeigt sich auch im Markenwert. Im Herbst 2023 war Nike laut Interbrand 53,77 Milliarden US-Dollar wert, Adidas dagegen nur 16,57. Aber vor allem zeigt es sich auch im Slogan: „Just do it" kennt so gut wie jeder. Wie aber lautet der Slogan von Adidas?

So ist es auch kein Wunder, dass man aktuell bei Adidas über eine Neuausrichtung nachdenkt, die sich bereits im neuen Slogan widerspiegelt. Bis vor kurzem war es noch „Impossible is nothing". Jetzt aber lautet der neue Slogan oder Claim „You Got This". Mit dieser neuen Kampagne will Adidas die Freude am Sport zurückbringen und allen Athletinnen und Athleten eine einfache Botschaft vermitteln, nämlich: Du schaffst das.

Isoliert betrachtet mögen diese Positionierung und dieser Claim als genial empfunden werden, nur im mentalen Gesamtkontext wird man so dem Marktführer Nike ähnlicher. Denn wenn Nike mit „Just do it" eher den Sportler und die Sportlerin direkt anspricht, dann sollte Adidas bewusst vielmehr auf das Gemeinsame und den Teamgeist setzen.

„Winning together since 1949" wären eine mögliche Positionierung und ein möglicher Claim. Damit würde man sich einerseits nicht nur vom Slogan her stärker von Nike differenzieren, man würde andererseits klar aufzeigen, dass es Adidas schon sehr viel länger als Nike gibt. Zudem hätte man so auch unzählige Momente, die „Winning together since 1949" glaubwürdig belegen.

Noch besser wäre wahrscheinlich aus Markensicht gewesen, wenn man den Slogan „Die Weltmarke mit den 3 Streifen" nie aufgegeben hätte. Genau damit hätte man mental seit Ende der 1970er Jahre immer den Marktführeranspruch gestellt. Nur heute würde dieser Slogan bei einer Wiedereinführung leider aufgesetzt wirken.

Zalando versus About You

Oder nehmen Sie die Modewelt, die sich vor allem durch den Online-Handel massiv verändert hat. Wenn man aktuell in Deutschland daran denkt, Mode online zu kaufen, dann dürften Zalando, Amazon, Otto und immer öfter Shein die ersten Adressen sein. Manche dürften auch noch an About You, H&M oder Bonprix denken. So gesehen steht der Zalando-Herausforderer About You klar im Schatten der Wettbewerber.

Wie aber könnte sich etwa About You in diesem Umfeld gegen Zalando und Co. wieder stärker positionieren, um für die Modekunden relevanter zu werden? Zalando wurde online über PCs und Notebooks groß und natürlich verkauft man jetzt auch immer öfter über Smartphones. About You könnte sich so noch stärker auf Smartphones fokussieren, um dort das optimale Einkaufserlebnis nur für die weibliche Zielgruppe zu bieten. Mit dieser doppelten Fokussierung auf „Das Smartphone-Modehaus nur für Frauen" könnte man wahrscheinlich sogar zur europäischen Nr. 1 aufsteigen.

Gegen den allgemeinen Trend

Von dieser Art des Denkens können auch Einzelkämpfer enorm profitieren. Diese müssen dann aber den Mut haben, sich aktiv gegen einen großen Trend zu stellen. Nehmen Sie den Markt für Verkaufstrainer! Hier hatten wir seit den 1970er Jahren einen klaren Trend weg vom klassischen Hardselling hin zum Softselling bis hin zum Loveselling.

Genau in dieser Art von Ausgangssituation überlegen die meisten Verkaufstrainer, wie man ein noch besserer Soft- oder Loveseller werden kann. Ganz anders Martin Limbeck! Er besetzte extrem erfolgreich die Position des neuen Hardsellers und ist heute wahrscheinlich der profilierteste Verkaufstrainer Deutschlands.

Was Martin Limbeck in der Verkaufstrainer-Szene machte, gelang Mark Lauren in der großen Welt der Fitness. Hier gab es einen klaren Trend weg von der Muckibude hin zu immer besseren und schöneren Fitnesscentern mit immer besseren und schöneren Fitnessgeräten. Genau in dieser Situation setze Mark Lauren sehr erfolgreich auf „Fit ohne Geräte" und landete damit zusätzlich einen Weltbestseller.

Drei Schritte zum erfolgreichen Herausforderer

Wenn es heute in Ihrer Branche mental keinen starken Herausforderer zur Nr. 1 gibt, und Sie die dafür notwendigen Ressourcen haben, sollten Sie aktiv versuchen, diesen Platz oder besser diese mentale Position einzunehmen. Dabei sollten Sie aber immer auf den mentalen Kontext und speziell auf diese drei Punkte oder Schritte achten:

(1) Den mentalen Kontext verstehen: Wenn Sie heute einen starken Marktführer herausfordern wollen, müssen Sie zuerst dessen Position in der Wahrnehmung und im Gedächtnis der Kunden verstehen. Es geht also weder um Benchmarking noch um eine klassische Stärken-Schwächen-Analyse, es geht darum, festzustellen, wofür diese Marke in der Wahrnehmung der Kunden steht.

(2) Den mentalen Kontext anerkennen: Nur – auch das Verstehen alleine ist noch zu wenig. Sie müssen diese mentale Position des Marktführers vor allem auch anerkennen und akzeptieren. Sie müssen akzeptieren, dass diese Position – so gut sie Ihnen auch selbst gefallen mag – mental besetzt und für Sie nur der Ausgangspunkt aller strategischen Überlegungen ist.

(3) Den mentalen Kontext nutzen: Erst dann kann und sollte man sich überlegen, wie man diesen mentalen Kontext als Herausforderer optimal nutzt. Das heißt aber auch: Die mentale Position des Marktführers diktiert die eigene Marken- und Unternehmensstrategie. Genau das sollte man aber nicht als Einschränkung, sondern als große Chance sehen, um selbst eine Idee wie Fahrfreude für BMW zu finden.

Schwarz oder weiß

Im Alltag verlieren sich viele Marken im wahrsten Sinne des Wortes in der grauen Masse. Aus Marken- und folglich auch aus Unternehmenssicht ist das keine gute Idee. Hier sollten Sie als Herausforderer entweder schwarz oder weiß denken. Wenn der Marktführer „weiß" in den Köpfen der Kunden besitzt, sollten Sie „schwarz" denken und umgekehrt.

Das galt im wahrsten Sinne des Wortes auch für die Welt der Erotikfilme. In den 1970er Jahren wurde Sylvia Kristel mit ihren Emmanuelle-

Filmen zu dem Erotik- bzw. Softpornostar. Wer aber wurde die große Herausforderin? Keine der unzähligen Kopien! Die Herausforderin Nr. 1 wurde Laura Gemser. Sie besetzte genau die gegenteilige Position oder Idee, nämlich „Black Emanuelle".

Damit kommen wir noch zu einem extrem wichtigen strategischen Punkt. Im 20. Jahrhundert war dieses Schwarz-oder-weiß-Denkmuster eines der wichtigsten und effektivsten, wenn es darum ging, einen Marktführer herauszufordern. Dieses Prinzip funktioniert heute immer noch.

Es gilt ganz speziell aber in sehr großen Märkten oder in Märkten, in denen man etwa auch als Einzelkämpfer oder als kleineres Unternehmen den Status Quo oder einen starken Trend herausfordern kann und möchte. Im Zweifel, vor allem, wenn die Wahlmöglichkeit besteht, sollte man im Wettbewerb des 21. Jahrhunderts lieber auf das Denkmuster Kategorisierung setzen. Punkt!

• •

LEKTION #4

So gut wie zu jeder großen Position oder großen Idee gibt es eine positive Gegenposition oder Gegenidee. Genau das sollte ein cleverer Herausforderer nutzen, der sich als die erste Alternative zum Marktführer positionieren will. Im Idealfall entsteht daraus ein mentaler Zweikampf, von dem beide Marken, der Marktführer und der Herausforderer, letztendlich enorm profitieren.

• •

Kapitel 4: Denkmuster Wettbewerb (oder die Macht der ersten Alternative)

Kapitel 5

Denkmuster Qualität (oder die Macht von TQM plus PQM)

In Managementmeetings wird gerne über Qualität als Erfolgsfaktor gesprochen. So klingt es logisch, dass sich letztendlich das beste und kundenfreundlichste Produkt durchsetzt. Leider ist es nicht so einfach. Denn Qualität aus Kundensicht muss noch lange nicht der Qualität aus Managementsicht entsprechen. Deshalb sollte man immer zwischen der tatsächlichen und der wahrgenommenen Qualität unterscheiden.

Wer das letzte Kapitel genau gelesen hat, hat vielleicht vorschnell den Eindruck bekommen, dass Qualität für eine Marke nicht so wichtig ist. Stopp! Qualität ist sehr wichtig, aber man sollte dabei unbedingt zwei Qualitäten unterscheiden, nämlich die tatsächliche Qualität und die wahrgenommene Qualität. Die tatsächliche Qualität kann man dabei aus Siegermarken-Sicht als Pflicht, die wahrgenommene als Kür bezeichnen.

So gesehen sollte man im Unternehmen immer auch ein doppeltes Qualitätsmanagement haben, eines im Sinne von TQM (Total Quality Management) für die tatsächliche Qualität und eines im Sinne von PQM (Perceived Quality Management) für die wahrgenommene Qualität. In diesem Kapitel präsentiere ich Ihnen zehn Effekte oder Denkabkürzungen, die in unseren Köpfen die wahrgenommene Qualität erhöhen. Diese zehn Effekte kann man entweder nutzen, um damit eine Marke generell zu positionieren, oder um damit eine bereits gewählte Positionierung zu verstärken und glaubwürdiger zu machen.

Die 10 Effekte zur wahrgenommenen Qualität

Der Marktführer-Effekt: Wir schätzen wahrgenommene Marktführer spontan und vor allem unbewusst höher ein als Nicht-Marktführer. Dieser Effekt beruht auf dem Herdentrieb oder wissenschaftlicher ausgedrückt auf dem Prinzip der sozialen Bewährtheit. Genau deshalb sollten Marktführer immer und überall sicherstellen, dass sie auch als Marktführer wahrgenommen werden. Zudem ist der Marktführer in der Regel auch der Maßstab in der Wahrnehmung der Kunden, an dem die Nicht-Marktführer gemessen werden.

Das heißt für einen Marktführer: Jeder Marken-Touchpoint sollte sicherstellen, dass dieser verbal und visuell für mentale Ordnung in der Wahrnehmung der bestehenden und potenziellen Kunden sorgt, also die eigene Marktführerschaft kommuniziert und verstärkt. Das gilt vor allem auch für die Verpackung und den Point-of-Sale, egal ob analog oder digital.

So ist es auch nicht verwunderlich, dass aktuell immer mehr Unternehmen, wie etwa auch Procter & Gamble, in der Werbung wieder aktiv die Marktführerschaft von Marken wie Wick Medinait, Wick VapuRup oder Pampers bewerben. Dabei kann man von der Formulierung her ruhig auch etwas kreativer werden.

Persil ist so das meistvertraute Waschmittel in Deutschland, Grawe die meist empfohlene Versicherung in Österreich und Gigasport setzt auf „Wo dein Sport die Nr. 1 ist". Dr. Böhm von Apomedica wiederum ist in Österreich die Nr. 1 in der Apotheke. Dr. Best ist Deutschlands Zahnbürsten-Marke Nr. 1 und Oral-b ist die Nr.-1-Zahnarztmarke weltweit.

Speziell im B2B-Marketing ist dieser Ansatz extrem wichtig. Genau deshalb positioniert sich etwa VBC seit Jahren als Nr. 1 im Verkaufstraining. Und auch Škoda vergisst in Österreich nicht, dass man sich als „Österreichs Nr. 1 bei Unternehmer-Kunden" positioniert. Gleiches macht Ford hierzulande als Nr. 1 bei Nutzfahrzeugen. So würde es auch für die Voest-Alpine enorm Sinn machen, sich als „World leading in applied steel technology" zu positionieren. Damit hätte man eine eigene Spitzenstellung in der Welt der Stahlkonzerne.

Der Original-Effekt: Ähnlich wie der Marktführer-Effekt wirkt auch der Original-Effekt. So haben auch Originale eine ureigene Pole-Position in der Wahrnehmung der Kunden. Das gilt in der Musik, in der Kunst, im Sport, im Marketing und vielen anderen Bereichen unseres Lebens. Das gilt für Elvis Presley als King of Rock'n'Roll, das gilt für Andy Warhol als Pop-Art-Künstler, das gilt für Pablo Picasso als maßgebenden Begründer des Kubismus. Im Electric Swing wiederum gilt Parov Stelar als „Founder" und Original.

Nicht umsonst sind viele wahrgenommene Originale dann gleichzeitig auch Marktführer. Manche denken jetzt vielleicht spontan an Coca-Cola, McDonald's oder Red Bull. So ist es absolut verständlich, dass sich die D.A.S. in Österreich als Original im Rechtsschutz positioniert. Aus dieser Perspektive betrachtet, ist es mehr als nur unverständlich, wie Ricola den Slogan „Wer hat's erfunden" jemals aufgeben konnte. Noch unverständlicher wird es, wenn man bedenkt, dass Ricola bis heute keinen besseren Slogan gefunden hat.

Der Generationen-Effekt: Speziell in Märkten, in denen Fortschritt als etwas sehr Positives gesehen wird, können sogenannte „Generations- oder auch Technologiesprünge" überlegene wahrgenommene Qualität fördern. Das wohl beste Beispiel dafür ist der Markt für Rasierklingen. So hatten wir eine Sicherheitsklinge, dann zwei Klingen, dann zwei bewegliche Klingen, dann zwei bewegliche Klingen mit Schwingkopf, dann drei Klingen, vier

Klingen und aktuell fünf Klingen. Bis auf die Vier-Klingen-Generation setzte dabei der Marktführer Gillette immer die Standards. (Nur bei vier Klingen war Wilkinson-Sword mit dem Quattro schneller.)

Auch Intel nutzte diesen Effekt speziell in den 1980er und 1990er Jahren bei Mikroprozessoren perfekt. Damals hatten wir den 286er, dann den 386er, den 486er, bevor Intel dann Anfang der 1990er Jahre vor allem auch aus markenrechtlichen Aspekten auf den Namen Pentium wechselte. (Damals konnte man Zahlen noch nicht als Marken schützen.)

Diesen Ansatz nutzte auch Procter & Gamble bei Küchenrollen sehr erfolgreich. So schaffte Bounty in den USA den Durchbruch mit der ersten Küchenrolle mit Struktur, um dann diesen Kurs mit einer Küchenrolle mit Doppelstruktur fortzusetzen. Bei diesem Ansatz sollte man aber unbedingt zwei Aspekte im Auge haben: (1) Die Generationssprünge sollten für die Kunden leicht nachvollziehbar sein. (2) Dieses Muster kann sich im Laufe der Zeit „totlaufen". Genau damit kämpft aktuell Gillette. (So ist es mehr als fraglich, ob mehr als 5 Klingen wirklich noch Sinn machen.)

Dieser Ansatz ist aber auch perfekt geeignet, um damit eine andere Positionierung geschickt und nachvollziehbar zu etablieren. Loxone schaffte den Durchbruch im Smarthome-Markt mit der ersten Miniserver-basierten Smarthome-Lösung. Das war die Basispositionierung. Um diese zu etablieren, präsentierte man drei Generationen: Zuerst war die Schalter-Generation, dann kam die teure und komplexe KNX-Smarthome-Welt und dann die erste einfache und wirklich funktionierende Smarthome-Generation, nämlich Loxone mit dem grünen Miniserver.

Der Spezialisten-Effekt: Wir schätzen spontan Spezialisten höher ein als Generalisten. Deshalb geht man bei kleinen Wehwehchen zum praktischen Arzt, also zum Allgemeinmediziner und bei größeren zum Facharzt, also zum Spezialisten. Dies gilt natürlich auch in der Welt der Marken und des Marketings. So wurde Curves mit der Spezialisierung auf Frauen zur größten Fitnesscenter-Kette der USA und folglich auch zur weltweiten Nr. 1. Federal Express, jetzt kurz Fedex, stieg in den USA zur Nr. 1 bei der Luftfrachtzustellung auf, indem man sich auf „Übernachtzustellung" fokussierte.

Gerade im B2B-Marketing ist dieser Ansatz der Spezialisierung enorm erfolgreich. Das beste Beispiel dafür sind die sogenannten Hidden Champions.

Würth steht global für Schrauben, Rational für Kombidämpfer, Otis als Pionier und Weltmarktführer für Aufzüge. Engel steht für Spritzgussmaschinen, Palfinger steht für LKW- und Schiffskräne, Rosenbauer für Feuerwehrautos, Herrenknecht für Tunnelbohrmaschinen, Microtec für Woodscanning, Teamviewer steht für Fernwartungslösungen oder Winterhalter für gewerbliche Spülmaschinen. Simon-Kucher wurde zu einer der erfolgreichsten globalen Unternehmensberatungen mit dem Focus auf Pricing oder Preismanagement.

Wie mächtig und nachhaltig erfolgreich dieser Ansatz ist, zeigt sich oft auch bei Sanierungen von Unternehmen. KTM rutschte als Alles-für-alle-Zweiraderzeuger in die Krise, um dann total fokussiert zum Weltmarktführer im Off-Road-Segment aufzusteigen. Strasser Steine wiederum schaffte das Comeback unter Johannes Artmayr mit der Fokussierung auf Küchenarbeitsplatten aus Stein. Team 7 fand den Weg aus der Krise mit der Fokussierung auf Öko-Möbel.

Speziell in den unendlichen Weiten der Online-Welt mit ihren unzähligen Communities wird dieser Ansatz massiv an Bedeutung gewinnen. Denn jede Community bietet letztendlich die Chance, dass man dort führende Marken und führende Influencer etabliert. Der entscheidende Punkt dahinter: Führende Spezialisten haben ähnlich wie Marktführer oder Originale einen besonderen Platz in unserer Wahrnehmung.

Dabei gibt es dann aber wieder auch globale, nationale, regionale oder auf spezielle Bereiche oder Communities fokussierte Spitzenstellungen. Das heißt aber auch: Spezialisierung alleine ist zu wenig. Es macht nur dann wirklich Sinn, wenn man sich damit eine eigene Führungsposition schafft bzw. schaffen kann.

Für Simon-Kucher war die Fokussierung auf Pricing die Durchbruchsidee, weil man sich als erste Unternehmensberatung damit global einen Namen machte. Alle anderen Berater und Beratungen, die sich nachher auf dieses Thema spezialisierten, stehen natürlich im mentalen Schatten von Simon-Kucher.

Der Attribut-Effekt: In vielen, wenn auch nicht in allen Märkten gibt es Kunden, die verschiedene Attribute unterschiedlich wichtig für sich selbst und ihr Umfeld einschätzen. Nehmen Sie die Autowelt! Die einen legen vor allem Wert auf Fahrfreude, andere mehr auf Sicherheit oder Technik, wieder andere schätzen die hohe Zuverlässigkeit oder auch das sehr gute Preis-Leistungs-Verhältnis, wieder andere ein großes Platzangebot.

Natürlich können und vor allem sollen nicht alle Marken alle Eigenschaften gleich gut erfüllen. Genau hier kann es dann enorm Sinn machen, die eigene Marke auf ein Attribut zu fokussieren. So steht BMW für Fahrfreude, Volvo für Sicherheit oder Audi für Technik. Toyota hatte seine besten Zeiten, als man sich mit Unterstützung der ADAC-Pannenstatistik das Attribut „zuverlässig" unter den Nagel riss. Škoda wiederum wird von vielen als clevere Wahl gesehen.

Das heißt: Auch hier gilt, dass Marken, die ein bestimmtes und vor allem für die Kunden relevantes Attribut besitzen, einen besonderen Platz in der Wahrnehmung und im Gedächtnis einnehmen. Die Betonung liegt hier wirklich auf dem Wort „relevant". Was nicht funktioniert, ist, dabei in die reine Emotionsfalle ohne echte Relevanz zu tappen. So war es etwa auch von BMW keine gute Idee, als man von Fahrfreude auf Freude wechselte.

Fahrfreude ist im mentalen Autokontext für viele eine wirklich relevante Eigenschaft. Der Grund: Viele Menschen fahren einfach gerne Auto. Freude dagegen ist in diesem Kontext viel zu unspezifisch, um eine Automarke wirklich zu positionieren. So freuen sich die einen, weil das eigene Auto Fahrfreude verkauft, die anderen, weil es so praktisch und geräumig ist, wieder andere, weil es so robust und sicher ist. Das heißt: Freude ist generell sicher ein schönes Attribut, aber für die Positionierung einer Automarke viel zu vage und breit.

Der Zutaten-/Machart-Effekt: Was haben Wagner Pizza, Krombacher und Zotter Schokolade gemeinsam? Alle drei Marken setzen auf Zutaten bzw. Macharten als Positionierung und gleichzeitig auch Qualitätsmerkmal. So klingt es logisch, dass eine Fertigpizza aus dem Steinofen besser schmeckt als eine aus einem herkömmlichen Ofen oder gar aus der Mikrowelle. So klingt es logisch, dass ein Bier, gebraut mit Felsquellwasser besser sein sollte als eines, das nur mit normalem Wasser gebraut wird. So klingt es logisch, dass eine handgeschöpfte Schokolade besser schmeckt als eine Industrieschokolade. Dabei klingt handgeschöpft sogar noch hochwertiger als handgemacht, obwohl „handgemacht" tatsächlich hochwertiger ist als nur „handgeschöpft".

Eine ganz spezielle Zutat aus Markensicht ist dabei die sogenannte unternehmenseigene Ingredient Brand. Typische Beispiele dafür sind Quattro für Audi oder x-Drive für BMW. Auch hier ist die Wahrnehmungsperspektive entscheidend, sprich: Viele Autos haben einen Allradantrieb, aber alleine durch eine Namensgebung wie Quattro oder x-Drive wird mental ein Allradantrieb auf einmal zu einem spezielleren Allradantrieb.

Als ÖkoFen, Europas Spezialist für Pelletsheizungen, eine neue Verbrenntechnik ohne sichtbare Flamme entwickelte, kreierte man dazu passend die Marke bzw. Ingredient Brand ZeroFlame. Auch damit unterstrich man alleine durch die Namensgebung die Wichtigkeit dieser Innovation nach innen und nach außen.

Der Leadprodukt-Effekt: Speziell, wenn Marken ein sehr breites Leistungsportfolio besitzen oder wenn man bestehende Marken repositionieren möchte, empfiehlt sich der Leadprodukt-Effekt. Das sind Leuchtturmprodukte mit einer eigenständigen Positionierung, die so gewählt sind, dass sie positiv auf die Gesamtmarke ausstrahlen. Typische Beispiele dafür sind etwa das iPhone für Apple, das Samsung Galaxy für Samsung oder auch George für die Erste Bank und Sparkasse in Österreich.

Jede Bank bietet heute Online-Banking an. Das ist in der Regel mittlerweile so selbstverständlich, dass man dies „nur" als eine weitere Bankleistung sieht. Anders in Österreich bei der Erste Bank und den Sparkassen. Hier hob man diese Bankleistung doppelt speziell hervor. Einerseits gab man ihr einen starken personifizierten Namen mit George, andererseits positioniert man George geschickt als „das modernste Banking Österreichs". Damit schuf man sich gekonnt eine eigene Spitzenstellung in der Welt der Banken.

Oder nehmen Sie den Feuerwehrausstatter Rosenbauer. Hier ist der Panther, also das Speziallöschfahrzeug für den Flughafen, verbales und visuelles Aushängeschild, von dem die gesamte Marke profitiert. So gesehen wäre es eine sehr gute Idee gewesen, wenn man dem neuen Elektrospeziallöschfahrzeug für den Flughafen ebenfalls einen neuen eigenständigen Namen gegeben hätte.

So war auch Sony als Marke und Unternehmen sehr viel wertvoller und erfolgreicher, als man mit Walkman, HandyCam oder CamCorder herausragende Produkte nicht nur im Portfolio, sondern vor allem in der Wahrnehmung der Kunden hatte. Oder nehmen Sie den so gut wie unüberschaubaren

Markt für Restaurants in Wien. Hier sticht Plachutta mit dem Leadprodukt „Tafelspitz" klar und merkfähig heraus.

Der Referenz-Effekt: Wir vertrauen nicht nur Spezialisten und Experten, wir vertrauen natürlich auch der eigenen Familie, wir vertrauen Freunden, aber wir vertrauen auch Kundenstimmen von Menschen, die wir gar nicht kennen. Entscheidend ist dabei viel mehr, ob wir diese als vertrauens- und glaubwürdig wahrnehmen.

Oral-b etwa nutzt Zahnärzte, um klarzustellen, wer die weltweite Zahnarzt-Marke Nr. 1 ist, Fielmann nutzte über Jahre und Jahrzehnte Kundenstimmen, um klarzustellen, dass Brille gleich Fielmann ist. Head & Shoulders positioniert sich nicht nur klar als die weltweite Nr. 1 bei Antischuppenshampoos, sondern nutzt etwa in Deutschland auch immer die Stiftung Warentest, wenn man Testsieger war. Zudem greift man immer wieder auch auf Testimonials zurück, wie etwa auf den FC Bayern München und dessen Spieler.

Natürlich kann man auch Werbefiguren erfinden, die diese Rolle einnehmen. Sehr erfolgreich machten dies früher Persil und Ariel. Für Persil war dies der Persil-Mann im Nachrichtenformat und der Claim „Da weiß man, was man hat". Für Ariel war es Klementine, die aufzeigte, dass es mit Ariel nicht nur sauber, sondern rein wird.

Speziell im Internet können dabei Marken und Unternehmen etwa Kundenstimmen, Kundenbewertungen, Fallbeispiele und natürlich auch Influencer und Influencerinnen nutzen. Entscheidend dabei ist der Fit, also dass die bestehenden und potenziellen Kunden diese Referenzen als glaubwürdig wahrnehmen. Peeroton etwa positioniert sich nicht nur als Österreichs führende Sportnahrungsmarke, sondern nutzt auch analog und digital den Extremradsportler Christoph Strasser als Testimonial.

Wichtig ist dabei aber wirklich der mentale Kontext, speziell das kollektive Mindset. Das Ganze muss aus Kundensicht stimmig sein. Dabei kann sich diese Stimmigkeit auch im Laufe der Zeit ändern. Nehmen Sie etwa die Zigarettenmarke Camel. Diese Marke warb in den USA nach dem Zweiten Weltkrieg immer wieder mit Ärzten als Testimonials. Dazu hieß es in der Werbung: „More Doctors Smoke Camels than any other cigarette!" Diese Art der Werbung mag damals in der kollektiven Wahrnehmung funktioniert haben, heute wäre das natürlich undenkbar.

Der Herkunfts-Effekt: Wir verbinden gewisse Länder mit gewissen Images. Deutschland steht global für Ingenieurskunst und Bier, Frankreich für Champagner und Parfum, Italien für Mode, Russland für Wodka und Kaviar, die Schweiz für hochwertige Uhren und Schokolade, Japan für Elektronik oder die USA für Computer und Software. Man spricht dabei auch gerne vom Country-of-Origin-Effekt, den eine Marke nutzen kann und sollte, wenn er zum Markenimage passt oder dieses sogar verstärkt.

Nehmen Sie etwa Barilla in den USA. In nur drei Jahren stieg man bei Pasta zum Marktführer auf. Die brillante und einfache Positionierung als Slogan dazu war: „Italy's No. 1". In China ist die zweitgrößte Biermarke Tsingtao besonders stolz darauf, dass man deutsche Gründer hatte. Landliebe wiederum suggeriert die Herkunft rein nur über den Markennamen, also dass die Marke mit viel Liebe vom Land kommt. Weihenstephan nutzt sogar drei Herkünfte: So kommt man aus Bayern, dazu noch aus einem Kloster und zusätzlich ist man die älteste Brauerei der Welt.

Das heißt aber auch: Man sollte die Herkunft nicht nur auf die Geographie beschränken. Man kann auch aus einem bestimmten Kloster oder Stift kommen oder auch die eigene Unternehmensgeschichte, speziell das Entstehen der Gründungsidee, dazu nutzen. Noch wichtiger aber ist, dass auch Marken und Unternehmen das Image eines Landes ändern können. So sorgten etwa erst die vielen Computer- und Softwareunternehmen in Silicon Valley dafür, dass die USA heute für Software und Computer stehen.

Aktuell wird China noch von vielen als die „Werkhalle dieser Welt" gesehen. Dieses Bild könnte und wird sich sehr wahrscheinlich in den nächsten Jahren ändern. Dafür werden vor allem chinesische Marken in der digitalen Welt, vom Elektroauto über Smartphones bis hin zu sozialen Netzwerken, sorgen. Speziell auch Clusterbildung kann dazu beitragen, dass man das Image eines Landes global wandelt. So hat aus dieser Perspektive Silicon Valley mehr für die USA getan als die USA für Silicon Valley.

Der Ranglisten-Effekt (als „mentale Notlösung"): All diese oben genannten Effekte tragen nicht nur zur wahrgenommenen Qualität, sondern auch zur mentalen Ordnung bei. Sie fungieren als eine Art „mentale Abkürzung", die uns Entscheidungen und damit das tägliche Leben leichter und einfacher machen. Interessant dazu ist, dass wir oder besser unser Gehirn überall dort, wo keine dieser oben genannten Abkürzungen genutzt wird, versucht, wenn irgendwie möglich auf eine „Ersatzdenkabkürzung" zurückzugreifen.

Wenn es etwa in einer Branche keinen klaren Marktführer gibt, spricht man oft von den großen Sechs oder den großen Vier. Nehmen Sie etwa die Welt der großen Wirtschaftstreuhänder! Hier waren Mitte der 1990er Jahre die Big Six KPMG, Ernst & Young, Arthur Anderson, Coopers & Lybrand, Deloitte & Touche und Price Waterhouse nach weltweiten Umsätzen. Heute sind es die Big Four, nämlich PwC, Deloitte, EY und KPMG. In der Welt der Aufzüge sind global diese Big Four Otis, Kone, Schindler und TKE. In Deutschland spricht man auch von den Großen Sechs, nämlich die vier bereits Genannten plus S+ und OSMA.

Deshalb sind auch Hitparaden, Ranglisten oder Rankings so beliebt, egal ob B2B oder B2C. Nehmen Sie etwa Reiseführer oder Reiseratgeber. Die Menschen wollen in fremden Ländern in der Regel unbedingt die Sehenswürdigkeiten sehen, die man gesehen haben muss. Das heißt: Auch Ranglisten bringen mentale Ordnung in unser Leben und machen uns damit unbewusst das Leben und vor allem auch Kauf- oder etwa auch Reiseentscheidungen leichter.

Diesen Ranglisten-Effekt können auch speziell neue Marken nutzen, indem man sich am Anfang etwa als schnellstwachsende Marke positioniert, um dann zu kommunizieren, dass man bereits zu den Top-10- oder gar Top-5- oder Top-3-Marken gehört. Allerdings sollte man dies nur als unterstützenden Ansatz sehen, der eine andere langfristig tragfähige Positionierungsidee dramatisiert. Sonst kann man auch schnell als Modeerscheinung enden.

Wahrgenommene Qualität und der Preis

Neben diesen 10 Effekten darf man aber auf gar keinen Fall auf den Preis als Produkt- oder Dienstleistungseigenschaft vergessen. So ist der Preis für die Kunden, egal ob B2B oder B2C, nicht nur der Betrag, den man für eine Leistung zahlen muss, sondern spontan auch ein wichtiger Qualitätsmesser.

Genau deshalb sollte der Preis perfekt zur angestrebten Qualitätspositionierung passen. So gesehen kann man auf der einen Seite zu teuer, aber auf der anderen Seite auch zu billig sein. Ein extrem gutes Beispiel, wie wichtig der Preis im Sinne der angestrebten Positionierung ist, ist Chivas Regal. In den 1970er Jahren war diese Marke bestenfalls ein weiterer Whisky unter vielen. Dann wurde die Marke repositioniert, vor allem aber das Etikett edler gestaltet, und es wurde der Verkaufspreis um 20 Prozent erhöht. Damit stiegen Ansehen und Verkaufszahlen nachhaltig.

Viele Unternehmen verkaufen sich heute mit ihren Marken weit unter ihrem möglichen Potenzial, weil man reflexartig auf eine „Besser und billiger"-Strategie setzt. Übersehen wird dabei, dass Markenpositionierung und Preispositionierung perfekt zusammenspielen müssen. Deshalb ist Zotter teurer als Lindt, Lindt teurer als Milka und Milka teurer als etwa Alpia oder die S-Budget-Schokolade.

Dabei sollte man speziell oft auch an die „Verpackung" des Preises achten. Marken wie Red Bull oder Nespresso wären unverkäuflich, wenn man diese in herkömmlichen Großverpackungen verkaufen würde. Nur mit den kleinen Dosen bzw. den kleinen Kapseln wird hier auch die Preiswahrnehmung durch die Kunden verändert. So erzielen beide gekonnt Supersuperpremiumpreise, die aber vom Kunden „nur" als Premium wahrgenommen werden.

Strategisch und operativ nutzen

Diese zehn oben genannten Effekte kann und sollte man für die eigene Marke strategisch und operativ nutzen. Speziell der Marktführer-Effekt, der Original-Effekt, der Spezialisten-Effekt oder der Attribut-und-Zutaten-/Macharten-Effekt sind perfekt zur generellen Positionierung von Marken geeignet. Hier geht es wirklich um die strategische Ausrichtung von Marken.

Der Generationen-Effekt, der Referenz-Effekt und der Herkunfts-Effekt können für die strategische Positionierung genutzt werden, eignen sich aber sehr viel öfter dazu, eine andere, bestehende Positionierung zu verstärken und glaubwürdiger zu machen. Das gilt speziell auch für den Ranglisten-Effekt, der selbst als genereller Positionierungsansatz nicht in Frage kommt. Gleiches gilt auch für den Zutaten-/Macharten-Effekt, wenn es etwa um sogenannte firmeneigene Ingredient Brands geht.

Spezielles Augenmerk sollte man auf den Leadprodukt-Effekt legen. Er ist einerseits perfekt dazu geeignet, bestehende Marken zu repositionieren. Andererseits kann er aber auch dafür genutzt werden, ein Mehr-Marken-System aufzubauen, wie es etwa Steve Jobs mit iPod, iTunes, iPhone und iPad gelang.

•••

LEKTION #5

Wer heute erfolgreich und profitabel bestehen möchte, sollte immer auf ein doppel-
tes Qualitätsmanagement achten. Es geht also nicht nur um das klassische TQM
(Total Quality Management), sondern vor allem auch um das PQM (Perceived Quality
Management). Beide sollten gemeinsam mit dem Preis perfekt zusammenspielen.

•••

Kapitel 6

Denkmuster Dominanz (oder das Marken-3-Eck zum Erfolg)

In den ersten fünf Kapiteln ging es vor allem darum, wie man die eigene strategische Denkrichtung findet und welche mentalen Qualitätsmuster man dazu nutzen kann. Nur – das alleine ist zu wenig. Um wirklich mentale und tatsächliche Dominanz als Siegermarke zu erreichen, muss man den Mut zum Fokus haben. Dabei geht es um den verbalen Fokus, den visuellen Fokus und den Markennamen.

Ein Marktführer muss anders denken und handeln als ein Herausforderer, Mitläufer oder ein Start-up. So gesehen diktiert die mentale Ausgangslage in Relation zum Mitbewerb die eigene Marken- und Unternehmensstrategie. Das heißt: Der mentale Kontext in den Köpfen der Kunden sollte immer die Ausgangsbasis für die strategische Ausrichtung und Positionierung sein.

Aber selbst die beste Basisstrategie alleine ist zu wenig, egal wie brillant diese durchdacht und geplant ist. Es kommt der Punkt der Entscheidung, wo es darum geht, die Strategie wirklich auf den Punkt zu bringen. In diesem Zusammenhang spreche ich auch gerne vom „Marken-3-Eck zum Erfolg".

Es sind nämlich drei strategische Markenbausteine, die perfekt zusammenspielen sollten, um eine dominante Position in der Wahrnehmung und im Gedächtnis der Kunden und folglich am Markt zu erreichen. Dabei geht es um den verbalen Fokus der Marke, den visuellen Fokus der Marke und um den Markennamen.

Marken fokussiert auf den Punkt bringen

Genau das erfordert, dass man wirklich „einfach" denkt. Nur das Einfache ist in vielen Fällen genau das Schwierigste. So ist es bedeutend einfacher, eine allumfassende Markenidentität mit vielen verschiedenen Begriffen, Begrifflichkeiten und Bildwelten zu definieren, als eine Marke auf ein zentrales Wort, ein zentrales Bild und einen merkfähigen Namen zu fokussieren.

Das heißt aber auch: Eine starke Position in der Wahrnehmung der Kunden und folglich am Markt sollte man immer als Ziel und damit auch als angestrebtes Ergebnis sehen. Um dieses Ziel und Ergebnis dauerhaft zu erreichen, muss man den Mut zum Fokus haben. Oder wie es Antoine de Saint-Exupéry perfekt auf den Punkt brachte: „Vollkommenheit entsteht offensichtlich nicht dann, wenn man nichts mehr hinzuzufügen hat, sondern wenn man nichts mehr wegnehmen kann."

Management- versus Kundenwahrnehmung

Noch einmal erschwerend kommt dabei hinzu, dass in einem Meeting oder bei einer Präsentation eine umfassende Markenidentität oder ein umfassendes oder gar überfülltes Markensteuerrad spontan bei den Entscheidern einen sehr viel genialeren und durchdachteren Eindruck hinterlässt als die Präsentation oder Vorstellung eines übervereinfachten Markendreiecks.

In der Wahrnehmung der Kunden ist es allerdings genau umgekehrt. Dort gewinnt in der Regel die Marke, die das eine entscheidende Wort besitzt, das durch das eine entscheidende Bild verstärkt und emotionalisiert wird und so den Markennamen verbal und visuell im Gehirn der Kunden festmacht. Genau das erfordert eine klare Aufgabenverteilung bei der Entwicklung eines solchen Markendreiecks für die eigene Marke.

Verbale Dominanz: Der Startpunkt

Wann immer Sie über die strategische Ausrichtung, also die Positionierung, Ihrer Marke nachdenken, sollten Sie mit dem verbalen Fokus starten. Im Idealfall lässt sich dabei die Essenz der Marke auf ein zentrales Schlagwort reduzieren oder besser fokussieren. Al Ries und Jack Trout sprachen in diesem Kontext nicht umsonst immer vom Gesetz des Fokus.

Marke	Fokus
BMW	Fahrfreude
Audi	Technik
Tesla	Elektro
Google	Suche
YouTube	Video
TikTok	Kurzvideo
Netflix	Video-Streaming
Spotify	Musik-Streaming
H&M	Fast Fashion
Shein	Ultrafast Fashion
Milka	Zart
Zotter	Handgeschöpft
Nivea	Pflege
Knoppers	Frühstückchen
Internorm	Kunststofffenster
Würth	Schrauben
Rational	Kombidämpfer
Engel	Spritzgussmaschinen
Zoom	Videokonferenz
DeepL	Übersetzung

Interessant dabei ist vor allem aus psychologischer Sicht der sogenannte Halo- oder Heiligenschein-Effekt. Wenn eine Marke in einem Bereich sehr gut eingeschätzt wird, wird diese generell sehr gut eingeschätzt. Wenn eine Marke aber versucht, in vielen Bereichen sehr gut eingeschätzt zu werden, wird diese meist nur durchschnittlich eingeschätzt.

So weiß so gut wie jeder Psychologe, dass Spezialisten höher eingeschätzt werden als Generalisten. Wenn man sich aber in der Welt der Marken umsieht, möchte so gut wie fast jeder Generalist sein. Gleichzeitig wird „bejammert", dass die Kunden immer preissensibler werden. Nur wenn die wahrgenommene Qualität durch übertriebene Markendehnung sinkt, sinkt leider auch die Preisdurchsetzungskraft.

Universelles Prinzip

Aber nicht nur Marken werden so in unserem Gehirn abgespeichert. Genauso merken wir uns etwa auch Personen. Nehmen Sie die Welt der Künstler: Denken Sie an Pop-Art, denken Sie an Andy Warhol. Denken Sie an Streetart, denken Sie an Banksy. Elvis Presley hat sich, wie bereits erwähnt, im Laufe der Zeit die Position oder den Titel „King of Rock'n'Roll" verdient.

Michael Jackson war der „King of Pop", Madonna ist die „Queen of Pop" und Kylie Minogue wurde speziell von den europäischen Medien mit dem Titel oder der Position „Princess of Pop" geadelt. Aretha Franklin gilt als „Queen of Soul", Sam Cooke als „King of Soul" und James Brown wird sogar immer wieder als „Godfather of Soul" bezeichnet.

So ist es auch nicht verwunderlich, dass sich Mariah Carey die Bezeichnung oder den Titel „Queen of Christmas" rechtlich in den USA schützen lassen wollte. Nur dies traf auf heftigen Widerstand von Darlene Love und Elizabeth Chan, die ebenfalls bereits so von den amerikanischen Medien tituliert wurden. Interessant ist hier, dass viele Künstler, Künstlerinnen und vor allem auch deren Management klar die Macht dieser Art der Positionierung verstehen, während gleichzeitig viele „Markenexperten" genau diese Art der Positionierung immer noch als „zu wenig kreativ" gering schätzen.

Vom Attribut zur Kategorie

Spannend zudem ist, dass das Wort des Marktführers für viele „unsichtbar" ist und deshalb auch gerne selbst in Markendiskussionen übersehen wird. Der

Grund: Der Marktführer besitzt in der Regel nicht irgendeine ausgewählte Eigenschaft, nicht irgendein ausgewähltes Attribut oder nicht irgendeinen ausgewählten Nutzen, sondern den Markt, also die Kategorie in Summe.

Das gilt vor allem für die große Welt des Internets. Natürlich mag eine Suchmaschine, egal ob diese Google oder Bing heißt, verschiedene Eigenschaften und Nutzen haben. Der wahre Unterschied zwischen Google und Bing ist, dass Google in unserer Wahrnehmung und in unserem Gedächtnis für Suchmaschine in Summe steht. Bing ist damit automatisch dazu „verdammt", nur als weitere Suchmaschinen-Marke wahrgenommen zu werden. So scheiterte auch Cuil kläglich, als man sich „selbstbewusst" als die beste Suchmaschine der Welt anpries. (In der Wahrnehmung war man – wenn überhaupt – nur eine weitere Suchmaschine, die behauptete, besser zu sein.)

Im Idealfall sollten Sie daher immer versuchen, eine Kategorie als Marktführer, Original oder auch als führender Spezialist in der Wahrnehmung oder im Gedächtnis Ihrer Kunden und potenziellen Kunden zu besitzen. Die Positionierung über Attribute, Eigenschaften oder Nutzen wird im Wettbewerb von heute immer schwieriger.

So funktioniert etwa ein Attribut wie „zart" für Milka oder „pflegend" für Nivea nur deswegen so gut, weil beide Marken gleichzeitig auch als starke Marktführer wahrgenommen werden. Für einen Herausforderer wären diese beiden Attribute wahrscheinlich jeweils viel zu schwach, um sich damit dauerhaft klar und positiv zu differenzieren und zu positionieren.

Nicht Berg, nicht Tal

Speziell im Tourismus sind oft nicht nur die Destinationen, sondern noch viel öfter die Werbebotschaften einfach nur austauschbar. Typische Klischees, die bedient werden, sind etwa: Unser Ort hat immer Saison. Er begeistert mit einer außergewöhnlichen Mischung aus kulinarischen Köstlichkeiten, idyllischer Natur, uriger Tradition und einer Auszeit für die Seele. Berge, Wiesen und Seen, aber auch die kulinarische Vielfalt, exklusive Einkaufsmöglichkeiten und abwechslungsreiche Erholungs- und Freizeitangebote runden unser Angebot ab Diese besondere Atmosphäre hat uns den Ruf als sympathische und gastfreundliche Ganzjahresdestination geprägt. (Diese Ansammlung schöner Begriffe stammt aus der Tourismuswerbung von Kitzbühel. Es könnte aber auch so gut wie jeder andere gute oder sehr gute Tourismusort in den Bergen sein.)

Anders die Region Seefeld! Statt wie viele andere Destinationen auch in diese Nutzenorgie ohne klare Basispositionierung miteinzustimmen, positioniert man sich klar als „Tirols Hochplateau". Damit differenziert man sich nicht nur von den vielen bekannten Gipfeln und Tälern in den Alpen, man schafft sich so eine eigene mentale Spitzenstellung.

Damit hat man aus Markensicht zwei große Vorteile: (1) Man hat eine eigene Spitzenstellung in der Wahrnehmung. (2) Man hat damit aber auch die Basis, dass man diese Spitzenstellung mit vielen Nutzen und Aktivitäten verstärkt. Entscheidend für die Region Seefeld ist es aus Markensicht daher, dass man sich a) überall, wo man kommunikativ auftritt, als beliebtestes und bevorzugtes Hochplateau in Tirol positioniert und b) klar aufzeigt, was dieses Hochplateau alles an Möglichkeiten im Tourismus zu bieten hat.

Den Nutzen oder die Nutzen ableiten

Bei der Positionierung einer Marke sollte man im Hyperwettbewerb von heute im Idealfall zuerst die Kategorie und dann erst Nutzen oder Nutzenbündel festlegen. Anders ausgedrückt: Man sollte, wenn man die Kategorie für die eigene Marke definiert hat, dann den einen Kernnutzen oder das eine Nutzenbündel ableiten.

Dazu sollten wir uns noch einmal Dr. Best ansehen. Die zentrale Positionierungsidee von Dr. Best war und ist „die erste nachgebende Zahnbürste". Dieses Attribut „nachgebend" hat ganz starken Kategorie-Charakter, weil es die Welt der Zahnbürsten sehr einfach nachvollziehbar in unserer Wahrnehmung in starre und nachgebende Zahnbürsten teilt. Der abgeleitete Nutzen daraus ist, dass eine nachgebende Zahnbürste besser und sanfter zu Zahnfleisch und Zähnen ist.

Was aber wäre passiert, wenn Dr. Best ohne nachgebenden Griff einfach behauptet hätte, besser und sanfter zu sein? Dann wäre das wahrscheinlich einfach als weitere Behauptung unter vielen abgetan worden. So enden viele Marken- und Marketingprogramme letztendlich bedeutungslos in der sogenannten Behauptungsfalle.

Dazu schrieben Al und Laura Ries bereits 1998 in ihren 22 unumstößlichen Geboten des Brandings: „Wenn Sie heute Printanzeigen durchblättern oder sich eine Reihe von Fernsehspots ansehen, werden Sie eine endlose Parade von fast bedeutungslosen Vorteilen oder Nutzen finden: Schmeckt gut, spart Geld, macht die Zähne weißer, einfache Montage, größer, kleiner, leichter, schneller, billiger: Viele dieser Vorteile mögen zwar für potenzielle Kunden von allgemeinem Interesse sein, doch fehlt es ihnen an Glaubwürdigkeit, so dass sie im Allgemeinen ignoriert werden. Das sagen sie alle."

Die eine verbale Spitzenstellung

Das heißt: Bei der Definition des verbalen Fokus als Basis der verbalen Positionierung sollten Sie vor allem darauf achten, dass Sie damit im Idealfall einen Führungsanspruch, also eine Spitzenstellung in einer bestehenden oder neuen Kategorie erzielen. Darauf aufbauend sollten Sie dann den einen Nutzen oder auch – im Falle des Falles – ein Nutzenbündel ableiten.

So zeigt auch die Gehirnforschung, dass es um eine für die Kunden im Kontext relevante mentale Spitzenstellung geht. Der Marktführer besitzt dabei in der Regel die Kategorie selbst. Für Herausforderer geht es darum, eine eigene relevante Spitzenstellung innerhalb der Kategorie zu finden. Mercedes-Benz stand und steht global für Premiumauto und abgeleitet daraus auch für Prestige und Komfort. BMW fand die eigene Spitzenstellung mit Fahrfreude, Audi wiederum mit Technik. Für beide Marken hätte es so aber keinen Sinn gemacht, auf Komfort, Prestige oder Luxus abzuzielen.

Visuelle Dominanz: Der Verstärker

Nur das Verbale alleine ist zu wenig. Im Idealfall gibt es einen visuellen Verstärker. Nehmen Sie etwa Flixbus, eine noch immer ziemlich junge Marke, die aber ihren Markt, ihre Kategorie klar dominiert. Denken Sie heute an Fernbus, denken Sie an Flixbus. Was aber hämmert oder verstärkt Tag für Tag diese verbale Dominanz in der Wahrnehmung der Kunden? Die Antwort ist klar. Es sind die grünen Busse. Durch die Wahl dieser für Busse eher ungewöhnlichen Farbe stechen diese umso mehr aus der Welt der Busse heraus.

Dabei spielt uns dann unsere Wahrnehmung klar einen Streich. Wir sehen so in Relation sehr viel mehr dieser auffälligen grünen Busse als herkömmliche Busse, die in der Menge der herkömmlichen Busse, egal ob grau, weiß, blau oder rot, mehr oder weniger untergehen. Genau an diesem Punkt verschenken viele Marken enormes Wahrnehmungs- und damit Marktpotenzial, weil man die Macht der visuellen Positionierung und Dominanz klar unterschätzt.

Dabei sind wir gleich beim nächsten wichtigen Punkt aus Sicht der Markenvisualisierung. Viele Entscheider und deren Berater und Agenturen denken bei der visuellen Positionierung einer Marke vor allem an das Logo, das generelle Markendesign oder an die Werbelinie. Nur genau das greift aus Sicht der Kundenwahrnehmung viel zu kurz.

Das (Re-)Design einer Marke

Egal, ob Sie heute über die visuelle Positionierung einer neuen Marke oder die visuelle Repositionierung einer bestehenden Marke nachdenken, die erste Frage sollte so lauten: „Wo liegt der wichtigste visuelle Kontaktpunkt aus Sicht unser bestehenden und potenziellen Kunden?" Dies sollte der Ausgangspunkt aller visuellen Überlegungen sein.

Um besser zu verstehen, worum es geht, sollten wir McDonald's und Burger King aus Sicht der visuellen Positionierung vergleichen. Dabei muss man schnell feststellen, dass Burger King gegenüber McDonald's doppelt im Nachteil ist.

(1) Der erste Nachteil ist ganz klar, dass Burger King weniger Filialen als McDonald's hat. Damit ist man im Straßenbild einmal in Summe weniger sichtbar und auch auffindbar.

(2) Der zweite Nachteil ist, dass genau diese Filialen selbst wieder weniger sichtbar sind als die des Erzrivalen McDonald's. Big Mac hat die Goldenen Bögen. Burger King hat dagegen nur ein wenig auffälliges Logo, das an einen Hamburger erinnert.

Nur wäre es jetzt ein Fehler, wenn man bei Burger King eine isolierte Designdebatte starten würde. Zuerst würde man einmal eine klare Alternativposition zu McDonald's finden, die dann zum verbalen Markenfokus wird. „Flammen-gegrillt statt gebraten" wäre so eine Idee. Dann müsste man aus dem „Flammen-gegrillt" ein starkes Logo und Design ableiten.

Die wertvollste Telekommunikations-Marke

Wechseln wir in die Welt der Telekommunikation. Im Januar 2024 veröffentlichte Brand Finance wieder die wertvollsten Marken dieser Erde. Dabei stieg die Deutsche Telekom mit einem Wert von 73,3 Milliarden US-Dollar nicht nur in die Top 10 ein, sondern ist heute auch die wertvollste Telekommunikationsmarke dieser Erde.

Ein wesentlicher Grund dafür ist mit Sicherheit die Farbe Magenta. Mit dieser Farbe sticht man klar heraus. Gleichzeitig wird man so visuell als größer und dominanter wahrgenommen. Genau das hat einen unglaublich großen Vorteil in einer Gesellschaft der Überkommunikation.

Die Olympia-Lektion 2012

Wie entscheidend und wichtig visuelle Marktführerschaft sein kann, zeigten die Olympischen Spiele 2012 in London. Der Hauptsponsor war damals Adidas. So waren so gut wie immer und überall die Drei Streifen zu sehen. Nur wirkten diese oft einfach nur wie eine Art „Hintergrundtapete".

Ganz anders wirkten die neon-grün-gelben Volt-Laufschuhe von Nike, die über 400 Athleten und Athletinnen trugen. 68 dieser Athleten gewannen noch dazu Medaillen, 25 davon Gold. So waren diese Nike Volts die wahren visuellen Stars in London und stellten den Hauptsponsor klar in den visuellen Schatten.

Hier war wieder entscheidend, dass die Sportschuhe von Nike auf der einen Seite echter Bestandteil des Sports waren. Auf der anderen Seite war natürlich ganz wesentlich, dass man sich für eine echte „Reizfarbe" entschieden hatte, die klar aus der Masse der anderen „braven" Schuhe herausstach.

Logo, Produkt, Werbung und noch viel mehr

Das heißt: Wenn es um die visuelle Positionierung, den visuellen Fokus geht, haben Markenverantwortliche viele Möglichkeiten, die aber natürlich wesentlich von der Kundenwahrnehmung abhängen. Für McDonald's oder Nike ist jeweils das Bildlogo selbst die zentrale Positionierung.

Interessant ist in diesem Kontext, dass visuelle Logos noch stärker werden, wenn diese auch verbalisiert werden, wie etwa die Goldenen Bögen von Big Mac oder der Swoosh von Nike. Für Apple ist es der angebissene Apfel, der vor allem den Namen der Marke visuell omnipräsent hämmert. Bei Flixbus machen die Busse selbst den großen visuellen Unterschied. Orangina differenziert sich visuell über die bauchigen Orangina-Flaschen.

Für Nivea ist es die blaue Dose, die jetzt auch das zentrale Logo ist, bei Milka die Farbe Lila und die lila Kuh. Patek Philippe positioniert sich visuell klar mit dem Schlüsselbild „Vater & Sohn" als die Generationenuhr, die einem nie ganz alleine gehört. Man zeigt so auch klar auf, dass diese Marke eine Wertanlage für Generationen ist.

Für BMW sind es vor allem Fernseh- und Videospots, die die Fahrfreude dramatisieren. Dr. Best wiederum nutzte die Person des Dr. Bests und die Tomate, um die Vorteile einer nachgebenden Zahnbürste glaubwürdig zu demonstrieren. Cetebe nutzt Zeitperlen auf der Verpackung und in der Werbung, um sich klar als das Langzeit-Vitamin-C zu positionieren. Polo Ralph Lauren nutzt den Polo-Reiter, um den Namen und das Premiumimage zu transportieren.

Fielmann setzte jahrelang auf die eigenen Kunden als Schlüsselbild, Haribo auf Thomas Gottschalk und Nespresso auf George Clooney. ÖAMTC und ADAC setzen auf die Farbe Gelb und die „Gelben Engel". Natürlich funktioniert auch der Unternehmer selbst, wie Claus Hipp über Jahrzehnte bewiesen hat. Aber man kann auch Kunstfiguren wie Captain Iglo, den Persil-Mann oder Klementine für Ariel nutzen. Selbst Zeichentrickfiguren wie Tante Fanny können visuell einen großen Unterschied ausmachen. Duracell wiederum setzt auf rosa Häschen, um die Langlebigkeit der Batterien visuell zu dramatisieren.

All diese Beispiele zeigen, dass man extrem kreativ sein kann, wenn man nach dem eigenen visuellen Fokus der Marke sucht. Aber man sollte nie, wirklich nie, vergessen, dass man unbedingt auf den wichtigsten visuellen Kontaktpunkt aus Kundensicht achtet. Genau dort sollte die eigene Marke den stärksten visuellen Eindruck in Relation zum Mitbewerb hinterlassen und gleichzeitig dort den verbalen Fokus der Marke verstärken, dramatisieren und glaubwürdig machen.

Der große globale Vorteil

Wenn es Ihnen gelingt, einen starken visuellen Fokus als Basis für die visuelle Positionierung Ihrer Marke zu finden und zu etablieren, haben Sie auch global gesehen einen enormen Vorteil. Warum? Die Antwort darauf ist so einfach, dass diese gerne einfach übersehen wird, nämlich: „Bilder brauchen keine Übersetzung."

Wo immer Sie auf der Welt die Goldenen Bögen sehen, egal welche Sprache Sie sprechen oder welche Schriftzeichen Sie erkennen und lesen können, werden Sie automatisch an McDonald's denken. Wo immer Sie auf der Welt ein Notebook mit dem „Angebissenen Apfel"-Logo sehen, denken Sie an Apple. Das Auto mit dem Stern ist weltweit Mercedes-Benz. Vier Ringe auf einem Auto wiederum rufen überall auf der Welt die Marke Audi in unserem Gehirn ab. Die Cola mit der Original-Kontur-Flasche ist natürlich Coke, selbst dann, wenn diese Konturflasche nur auf einer Aludose anskizziert ist.

Marktführer versus Nicht-Marktführer

Aber auch hier ist mentale Ausgangsbasis wieder ganz wesentlich. Der Pionier und Marktführer hat einmal die freie Wahl, welchen Ansatz der visuellen Positionierung er auswählt. Entscheidend sollte dabei einerseits sein, wo wirklich der wichtigste visuelle Kundenkontakt ist. Dann natürlich sollte man andererseits auch etwa überlegen, welche Farbe oder auch Form – psychologisch gesehen – am besten zur eigenen Produkt- oder Dienstleistungskategorie passt.

Dabei war es etwa von Red Bull genial, dass man bereits zum Start im Gegensatz zu herkömmlichen Erfrischungsgetränken auf die kleine 0,25-Liter-Slimdose setzte. Diese war 1987 alles andere als gebräuchlich. (Gebräuchlich waren 0,33-, 035- und 0,5-Liter-Aludosen.) Damit setzte Red Bull als Pionier und Marktführer den Standard für Energydrinks. Gleichzeitig konnte man so auch leichter das absolute Preispremium durchsetzen.

Als Nicht-Marktführer muss man dann entscheiden, ob man sich an die Regeln des Marktführers hält oder nicht. Dabei kann es, wie Monster Energy zeigte, enorm Sinn machen, dass man auf eine klare Differenzierung setzt. So setzte Monster dann wieder auf eine große 0,5-Liter-Dose, um sich wirklich als der Monsterenergydrink zu positionieren.

Wichtiger Punkt dazu: In vielen Fällen müssen sich Herausforderer, um als vollwertiger Anbieter wahrgenommen werden, an die Regeln des Marktführers halten. Aber in zwei visuellen Bereichen sollte man immer unbedingt nachdenken, ob man sich nicht klar differenziert. Das sind die Farbe und damit oft auch verbunden das wahrgenommene Marken- und Produktdesign.

Zuerst verbal, dann visuell

Eines aber sollte man nie vergessen, nämlich, dass man zuerst den verbalen Fokus, also die verbale Positionierung, festlegt, bevor man darauf aufbauend den visuellen Fokus, also die visuelle Positionierung, entwickelt. Dabei kann es aber passieren, dass man keinen visuellen Fokus zum angestrebten verbalen Fokus findet.

Das kann speziell dann passieren, wenn man statt einer bildhaften Sprache auf zu abstrakte Begriffe gesetzt hat. Speziell abstrakte Begriffe wie Qualität, Innovation oder Performance lassen sich oft nicht nur schwer visualisieren, sie sind in der Regel auch nicht zur Positionierung von Marken geeignet. Viel besser: Man sucht einen bildhaften Begriff, der dann spontan in den Köpfen der Kunden Qualität, Innovation und Performance suggeriert und erzeugt.

Das heißt aber auch: Wenn man keinen visuellen Fokus ableiten kann, sollte man überlegen, noch einmal den verbalen Fokus zu überdenken. Leider sind aktuell viele Marken- und Unternehmensstatements neben den bereits erwähnten Begriffen wie Qualität, Innovation und Performance mit abstrakten Floskeln rund um Kompetenz, Verantwortung und natürlich Nachhaltigkeit überfüllt. Diese Begriffe gefallen wahrwahrscheinlich dem Management, haben aber wenig bis gar keine Wirkung in der Wahrnehmung und im Gedächtnis der Kunden. Sollte man aber aber wirklich in die Not kommen, dass es keinen bildhaften Begriff für die eigene Positionierung gibt, dann sollte man überlegen, dass man auf einen bildhaften, also visualisierbaren Markennamen setzt.

Namensdominanz: Das Ergebnis

Wenn der verbale Fokus als Basis für die verbale Positionierung, der visuelle Fokus als Basis für die visuelle Positionierung und der gewählte Markenname perfekt in der Wahrnehmung und im Gedächtnis der Kunden zusammenspielen, dann entsteht echte mentale Markendominanz. Dabei sollte man von Anfang an sicherstellen, dass der angestrebte Name gut klingt, einfach merkbar ist und zusätzlich die Positionierung subtil verstärkt.

Allerdings unterschätzen viele Unternehmen, speziell auch Start-ups, die Wichtigkeit des Namens für die eigene Positionierung und vor allem auch für die Qualitätseinschätzung der Marke. So macht es einen großen Unterschied in der Wahrnehmung, ob ein Name für uns gut oder auch weniger gut oder gar schlecht klingt.

Dabei könnten Marken oder besser die Markeninhaber wieder einiges aus der Welt der Künstler lernen. Speziell Schauspieler und/oder deren Manager sind sich so gut wie immer bewusst, wie wichtig ein gut klingender Name ist, der vor allem auch zum angestrebten Image passt. Dazu ein Beispiel aus der Welt der Western-Filme. In den 1920er Jahren agierte Marion Morrison als Schauspieler und Stuntman in diversen Cowboy-Rollen. Aber erst mit dem Film „Der große Treck" und dem neuen Namen John Wayne gelang der Durchbruch. So passt vom Klang her John Wayne bedeutend besser zu harten Western-Rollen als das fast feminin anmutende Marion Morrison.

Die Dita-Lektion

Oder nehmen Sie Dita Von Teese! Sie wird heute als „Königin des Burlesque" bezeichnet. Damit hat sie aus Markensicht nicht nur eine starke Positionierung, man kann auch aus Sicht der Namensgebung dreifach von ihr lernen.

(1) Sie erkannte frühzeitig, wie wichtig der Name für ihren späteren Erfolg sein wird. Dazu erklärte sie in einem Interview: „Heather Sweet zu heißen bedeutete für mich, das blonde Mädchen aus Michigan zu sein, das ich innerlich längst nicht mehr war. Ich wollte eine europäische Fantasie sein, und als ich mir meine naturblonden Haare schwarz färbte, nannte ich mich ab da nur mehr Dita."

(2) Zudem war ihr klar, wie wichtig es ist, dass man Positionierung, Image und Markenname optimal miteinander mental verbindet. Dabei hatte sie aber auch das Glück der Tüchtigen oder den Zwang des Playboys: Denn als sie sich mit 22 Jahren das erste Mal für dieses Magazin ablichten ließ, verlangte der Playboy vor dem Abdruck auch einen Nachnamen. Um ihr europäisch angestrebtes Image noch einmal exotisch, mysteriös und erotisch zu verstärken, entschied sie sich für Von Treese, einen Namen, den sie in einem Telefonbuch gefunden hatte.

(3) Nur viele Markennamen werden noch stärker und merkfähiger, wenn diese auf Wortspielen wie Doppeldeutigkeit oder auch Alliteration beruhen. Aufgrund eines Tippfehlers beim Playboy wurde dann aus Dita Von Treese der aktuelle Name Dita Von Teese. Auf der einen Seite spielt dieser Name ausgesprochen mit der Doppeldeutigkeit in Bezug auf das Wort „tease" und auf der anderen Seite ist er ausgesprochen auch alliterierend mit „Di" und „Tee".

Im Gegensatz zu Dita von Teese verschenken viele Unternehmen immer noch enormes Marken- und Marktpotenzial, weil man bei der Entwicklung des Markennamens einfach nur „kreativ" sein will. Das heißt aber auch: Bevor man überhaupt über den Markennamen nachdenkt, sollte man zuerst die eigene Kategorie und Positionierung festgelegt haben, um dann daraus das Anforderungsprofil für den eigenen Markennamen abzuleiten.

Die 7 Eigenschaften zum Erfolg

Dabei sollte und darf man nie vergessen, dass ein Name in der Wahrnehmung und im Gedächtnis funktionieren muss. Deshalb sollte man beim Entwickeln eines Markennamens oder auch bei der Umbenennung einer bestehenden Marke folgende Eigenschaften im Auge haben.

(1) Kurz: Wir können uns kurze Namen in der Regel besser merken als lange Namen. Aus diesem Grund geben wir Menschen und Marken mit längeren Namen dann oft auch einen kürzeren und prägnanteren Spitznamen. So kürzen Amerikaner gerne Chevrolet mit Chevy ab oder BMW-Fans nennen ihren fahrbaren Untersatz gerne kurz „Beemer" statt dem im Englischen etwas sperrigen „Bi-Em-Double-U". Federal Express machte den eigenen Spitznamen Fedex dann sogar zum offiziellen Markennamen.

(2) Einfach: Kurz heißt aber für unser Gehirn nicht unbedingt einfach. Unser Gehirn funktioniert nämlich nicht in Buchstaben, sondern in Klängen und damit Silben. Ariel (5 Buchstaben) ist kürzer als Persil (6 Buchstaben). Für unser Gehirn ist aber Persil (2 Silben) einfacher als Ariel (3 Silben). Deshalb ist es so entscheidend, dass ein Name im Idealfall kurz und einfach ist. So haben viele exzellente Markennamen nur eine oder zwei Silben, wie etwa Apple, Dell, Facebook, Flixbus, Milka, Netflix, Persil oder TikTok.

(3) Suggestiv: Starke Markennamen sollten nicht beschreibend sein, sondern im Idealfall subtil auf die eigene Kategorie, die eigene Stärke und den eigenen Nutzen hinweisen. So kommuniziert Duracell subtil, dass man eine Batterie ist, die lange hält. Quattro wiederum ist ein perfekter Markenname für ein Allradsystem. Jeff Bezos wählte wiederum Amazon als Markennamen, um damals damit auszudrücken, dass er die Welt mit Büchern „überschwemmen" möchte.

(4) Anders: Wenn man nicht Marktführer ist, sollte man unbedingt einen Markennamen wählen, der sich klar vom Marktführer differenziert. Als Red Bull so richtig erfolgreich wurde, setzten so gut wie alle Kopien auch Namen mit Tierbezug wie Power Horse, Flying Horse oder Shark. Hier ist dann Monster ein viel besserer Name. Er schafft mehr Differenzierung zu Red Bull und kommuniziert gleichzeitig subtil Stärke und Größe. Noch extremer war Apple, als man in den 1970er Jahren auf diesen gar nicht technologisch-klingenden Namen in einer Welt der digitalen High-Tech-Namen setzte.

(5) International: Viele Unternehmen, vor allem Start-ups, verbauen sich ihre internationale oder globale Zukunft frühzeitig, weil man auf einen Namen setzt, der etwa nur im deutschen Sprachraum, aber so gut wie niemals international funktioniert. Diese Erfahrung musste Fressnapf machen, diese Erfahrung wird wahrscheinlich Reishunger machen.

Um dies zu vermeiden, sollte man von Anfang an auf einen Namen setzen, der international funktioniert. Eine gute Basis dafür ist, dass der angestrebte Name im Englischen gut aussprechbar ist und keine negativen Assoziationen besitzt. Das heißt: Der Name muss nicht aus der englischen Sprache kommen, aber er sollte im englischen Sprachraum gut funktionieren.

Nur genau das dürfte, wie auch bereits erwähnt, speziell von Gründern und Gründerinnen gerne unterschätzt werden. Laut einer Studie der Otto-Beisheim School of Management kommt es sogar bei einem Viertel der Jungunternehmen innerhalb des ersten Jahres noch einmal zu einem Namenswechsel. Amazon startete als Cadabra, Ebay hieß zuerst AuctionWeb und aus openBC wurde Xing. Mit der Umbenennung wollte man laut Gründer Lars Hinrichs vor allem auch internationaler werden. (Gute Namensidee! Nur leider fand man keine passende Internationalisierungsstrategie dazu. So blieb man trotz eines international funktionierenden Namens immer nur ein „deutsches" Netzwerk.)

(6) Alliteration: Ein Sprachmuster, das enorm dazu beitragen kann, dass a) ein Name gut klingt und b) für unser Gedächtnis leichter merkbar ist, ist Alliteration, also dass sich Anfangsbuchstaben wiederholen. Genau deshalb klingt Coca-Cola für uns schöner als Pepsi-Cola. Aus diesem Grund findet man alliterierende Namen oft auch in der Welt der Comics wie Mickey Mouse, Donald Duck, Lucky Luke und Jolly Jumper. In der Welt der Marken sind es etwa Samsung, TomTom, Volvo, Media-Markt oder Müller Milch. Dieses Muster kann man auch bei Slogans nutzen wie „Actimel aktiviert Abwehrkräfte", „Lidl lohnt sich" oder „Manner mag man eben".

(7) **Visualisierung:** Wir merken uns verbale Ideen besser, wenn diese in unserem Gehirn ein Bild werfen bzw. wenn diese auf einer bildhaften Sprache beruhen. Dies gilt natürlich auch für Markennamen. Typische Beispiele dafür sind Apple, Jaguar, Jägermeister, Polo Ralph Lauren, Puma, Rotes Kreuz oder auch Tiger Lacke.

Ganz speziell gilt dies für Dienstleistungen oder auch Software. Da man diese in der Regel im Gegensatz zu Produkten nicht angreifen kann, macht es genau hier enorm Sinn, auf einen visualisierbaren Namen zu setzen. Ein brillanter Name ist daher etwa Red Hat in der Linux-Welt. Der amerikanische Marktführer für Prepaid-Begräbnisse nutzt etwa den Namen Everest und den gleichnamigen Berg als Bildlogo.

Der oft vergessene Name

Vor lauter Kreativität wird aber oft ein Name übersehen, der eigentlich besonders naheliegend sein sollte. Das ist der eigene Familienname. Aber genau dieser ist oft die beste Wahl. Manche denken jetzt vielleicht spontan an Marken wie Dell, Ford, Hartlauer, Hipp, Illy, McDonald's, Manner, Müller Milch, Neuburger, Rosenbauer, Rosenberger, Winterhalter, Wintersteiger, Würth, Zotter und viele andere.

Der eine große Vorteil, wenn man den eigenen Namen wählt, ist, dass man dann als Gründer in den Medien immer auch gleichzeitig den Markennamen mitkommuniziert. Man kann sich aber auch für Namen von längst verstorbenen Personen entscheiden wie etwa Tesla oder Captain Morgan. Hier muss man nur aufpassen, dass man nicht gegen bestehende Namensrechte verstößt.

Schutzfähigkeit und Domain

Damit sind wir bei einem abschließenden Punkt aus Namenssicht. Starke Markennamen sollten unbedingt als Wortmarke in den angestrebten Märkten schutzfähig sein. Noch immer aber herrscht vielerorts der Irrglaube, dass eine Wortbildmarke stärker als eine Wortmarke wäre. Das stimmt nicht.

Vielmehr sollte man sich einen neuen Namen überlegen, wenn der angestrebte Name nicht als Wortmarke, aber als Wortbildmarke schutzfähig ist.

Darüber hinaus sollte man natürlich von Anfang an auch mitüberlegen, welche Domains man braucht. Vor allem aber sollte die Schreibweise nicht zu lang und zu komplex werden. Minuszeichen oder Apostrophe im Namen sind daher alles andere als gut. Zudem sollte man nur den Markennamen ohne irgendwelche Zusätze als Domain registrieren und besitzen.

Vom Marken-3-Eck zum Slogan

Wenn man dieses Marken-3-Eck, bestehend aus dem verbalen Fokus, dem visuellen Fokus und dem Markennamen, festgelegt hat, ist der nächste extrem wichtige Baustein der Slogan der Marke. Dabei sollte der angestrebte Slogan vor allem zwei Aufgaben erfüllen:

(1) Die Marke auf den Punkt bringen: Der Slogan oder auch Claim sollte unbedingt in merkbarer Form den verbalen Fokus und damit die verbale Positionierung perfekt auf den Punkt bringen. Dazu ein aktuelles Beispiel: Takis, heute der Marktführer bei gerollten Tortillachips, steht nicht für „hot", sondern für „flaming hot". So sind Takis auch vielen Durchschnittsamerikanern viel zu scharf. Gleichzeitig erreicht man aber so speziell die Jugend. Der erste Slogan von Takis war dazu „Are you Takis enough?". Kein schlechter Slogan. Aber noch viel besser und stärker bringt es der aktuelle Slogan „Face the Intensity" auf den Punkt.

(2) Die Richtung für die Zukunft vorgeben: Der Slogan oder auch Claim sollte sicherstellen, dass die Marke extern und intern nicht den Fokus verliert. Genial in diesem Kontext ist sicher BMW und „Freude am Fahren". Seit über 50 Jahren bringt dieser Slogan die Marke auf den Punkt und verstärkt diese Position dadurch permanent. Gleichzeitig ist er aber auch eine Richtschnur nach innen, um sicherzustellen, dass jeder BMW gestern, heute und in Zukunft Fahrfreude verspricht und erfüllt.

Den Slogan immer im mentalen Kontext sehen

Entscheidend bei der Entwicklung des eigenen Slogans ist, dass man immer auf den mentalen Kontext in der Kundenwahrnehmung achtet. Dazu sollten wir einen Blick auf eine aktuelle Studie werfen. In dieser haben Brady T. Hodges, Zachary Estes und Caleb Warren kürzlich über 800 Slogans verschiedener Marken analysiert. Es ging dabei um die sprachlichen Eigenschaften effektiver Slogans. Die Erkenntnisse daraus präsentierten die drei Autoren kürzlich im Journal of Consumer Research.

Das Ergebnis lässt sich kurz so zusammenfassen: Wirklich bereits bekannte Marken können sich Slogans erlauben, die vor allem gefallen und gemocht werden. Hier spielen auch Kürze und Kreativität eine große Rolle. „Just do it", „I'm loving it" oder „Always Coca-Cola" fallen klar in diese Klasse.

Für Marken, die neu oder weniger bekannt sind, empfehlen sich eher längere und erklärende Slogans, die dafür aber die Marke in unserem Gehirn als relevant abspeichern. Dazu zählen sicher Slogans wie „Die klügere Zahnbürste gibt nach", „Hält entscheidend länger als herkömmliche Zink-Kohle-Batterien" oder auch „1,000 songs in your pocket". Diese Slogans waren deshalb auch wesentlicher Bestandteil der jeweiligen Erfolgsgeschichte, egal ob jener von Dr. Best, Duracell oder dem iPod von Apple.

Von Loxone lernen

Leider werden viele Slogans immer noch in Isolation entwickelt. Im Vordergrund steht, ob der Slogan aus Sicht des Managements und des Marketings zur Marke passt und vor allem, ob er den Verantwortlichen auch gefällt. In vielen Fällen sind dabei die Slogans berühmter Marken à la Nike oder McDonald's bewusst oder auch unbewusst Vorbild. Nur genau das sollte man nicht tun. Vielmehr sollte man mit der mentalen Ausgangssituation der eigenen Marke in Relation zum Wettbewerb starten.

Als Loxone vor 15 Jahren ein kleines Start-up-Unternehmen in der Welt der Smarthomes war, setzte man auf den Slogan „Die erste Miniserver-basierte Smarthome-Lösung". Das mag jetzt vielleicht in den Augen vieler nicht sonderlich kreativ sein, aber es brachte den Kern der Marke im mentalen Kontext perfekt auf den Punkt und teilte die Welt der Smarthomes in teure, komplexe KNX-Lösungen und in eine einfache, funktionierende Miniserver-Lösung.

Die Belohnung: Heute macht Loxone nicht nur weit über 200 Millionen Euro Umsatz, sondern genießt auch Unicorn-Status. So war die erste Miniserver-basierte Smarthome-Lösung nicht nur der Grundstein zum Erfolg, sondern gleichzeitig auch der verstärkende Slogan in den Anfangsjahren.

LEKTION #6

Um wirklich eine dominante Spitzenstellung zuerst in der Wahrnehmung, dann im Gedächtnis und dann am Markt zu erlangen, sollten der verbale Fokus, der visuelle Fokus und der Markenname perfekt zusammenspielen. Das ist die Basis für eine starke Position in den Köpfen der Kunden und am Markt. Zudem sollte man den verbalen Fokus im Sinne eines Claims oder Slogans wirklich auf den Punkt bringen, der intern und extern die Richtung vorgibt.

● ●

Kapitel 6: Denkmuster Dominanz (oder das Marken-3-Eck zum Erfolg)

Kapitel 7

Denkmuster Markenwachstum (oder die Macht des definierten Wachstumspfads)

Bei vielen Marken haben wir heute spontan den Eindruck, dass diese über Nacht erfolgreich waren. Nur wenn man deren Geschichte im Detail studiert, sieht das meist ganz anders aus. Genau deshalb sollte man auch für die eigene Marke einen gehirn-gerechten Wachstumspfad definieren, um dann einmal als Über-Nacht-Erfolg wahrgenommen und gefeiert zu werden. Genau darum geht es bei diesem Denk- und Erfolgsmuster.

Im Jahr 2000 erschien der Bestseller „The Tipping Point: How Little Things Can Make a Big Difference" von Malcom Gladwell. Dabei kann man diesen „Tipping Point" als den einen magischen Moment bezeichnen, an dem eine Idee, ein Trend, ein soziales Verhalten oder auch eine Marke eine gewisse Schwelle überschreitet, um sich dann wie eine Art „Flächenbrand" auszubreiten.

Die „Über Nacht erfolgreich"-Illusion

Dieses Phänomen zeigt sich speziell auch in der Markenwelt. So haben wir immer und immer wieder den Eindruck, dass Marken quasi über Nacht erfolgreich wurden. Gestern noch unbekannt, heute in aller Munde. Oft werden für diese „Über-Nacht-Erfolge" auch kreative Werbekampagnen verantwortlich gemacht. Nur wenn man dann die Geschichte dieser Erfolge im Detail studiert, ergibt sich in der Regel ein ganz anderes Erfolgsmuster.

Nehmen Sie etwa den iPod von Apple! Im Nachhinein betrachtet ergibt sich für die meisten folgendes Bild: Im Jahr 2001 präsentierte Steve Jobs diesen neuen MP3-Player mit Harddisc und dieser war nicht nur sofort erfolgreich, sondern machte auch Apple sofort zum gefeierten Markenstar. Nur – wenn man sich die Zahlen ansieht, ergibt sich klar ein anderes Bild.

So verkaufte man nach der Präsentation von Steve Jobs im Winterquartal 2001 gerade einmal 125.000 Stück. (Zum Vergleich: Das erste iPhone verkaufte sich am ersten Wochenende 270.000 Mal.) Im September 2003, also gut zwei Jahre später, wurde dann die erste Absatzmillion erreicht. 2004 wurden dann 4,4 Millionen iPods verkauft. Erst 2005 kam der große Durchbruch, und als 2007 das iPhone eingeführt wurde, hatte Apple bereits über 100 Millionen iPods verkauft. (Dieses langsame Wachstum mag auch mit ein Grund sein, warum potenzielle Mitbewerber wie Sony nicht oder dann viel zu spät reagiert haben.)

Zufall versus Planung

Beruht aber dann Markenerfolg mehr auf dem Prinzip „Zufall" als auf dem Prinzip „Planung"? Nein! Es bedeutet viel mehr, dass man bei der Planung das zentrale Element der Tipping-Point-Theorie verstehen muss. Es geht nämlich darum, dass man frühzeitig die richtigen Multiplikatoren oder sogar nur den einen richtigen Multiplikator findet, um die Marke dann Schritt für Schritt zu entwickeln.

Spannend dazu aus Markensicht ist der Einstieg der Hafermilch-Kultmarke Oatly in den US-Markt im Jahr 2016. Damals wurde der amerikanische Markt für „Kuhmilchersatz" von Mandel- und Sojamilchanbietern und Marken wie Silk, Blue Diamond, Califia Farms, Earth's Own, Native Forrest oder Living Harvest dominiert. Die Hauptzielgruppen waren die vegane Szene beziehungsweise alle, die an Milchintoleranz litten.

In dieser Situation wäre es wahrscheinlich fatal gewesen, wenn Oatly versucht hätte, als weiterer Anbieter auf breiter Front zu punkten. Stattdessen fokussierte Oatly alle Bemühungen auf kleine lokale Coffeeshops und deren Barista als Empfehler. Dazu kreierte Oatly eine spezielle Barista-Mischung, die dicker war als andere pflanzliche Milch. Genau das machte Oatly zur besten milchfreien Option für die Baristas, die versuchten, coole Designs in ihre Milchkaffeekreationen zu zeichnen.

Dabei – und das ist ein wesentlicher Punkt – ließ Oatly zu Beginn bewusst große Ketten wie Starbucks links liegen. Der erste Coffeeshop, der diese Barista-Mischung von Oatly im Angebot hatte, war im Jahr 2016 Intelligentsia, eine Art „Boutique-Hipster-Coffeeshop", der heute 12 Filialen in den USA hat. Ein Jahr später konnte man Oatly bereits in rund 650 Coffeeshops in den USA vorfinden. 2018 betrug der Umsatz trotzdem nur „magere" 6 Millionen US-Dollar, aber die Basis für den weiteren Erfolg war gelegt. Mittlerweile ist Oatly als Marke in den USA natürlich auch bei Starbucks und im Lebensmittelhandel erhältlich. Zudem wurde die Marke dann sukzessive um weitere Hafermilchprodukte erweitert.

Am 20. April 2021 hieß es auf Fooddive.com, dass Oatly im Jahr 2020 global einen Umsatz von 421,4 Millionen US-Dollar erreicht hatte, davon ca. 100 Millionen US-Dollar in den USA, wobei der Handel bereits über 70 Prozent des Umsatzes ausmachte. Heute ist Oatly Pionier und Weltmarktführer bei Hafermilch und machte 2023 einen Umsatz von fast 800 Millionen US-Dollar weltweit. Davon werden 250 Millionen auf dem amerikanischen Kontinent erwirtschaftet.

Wie Ideen und Marken mental wachsen

Das heißt aber auch: Extrem viele gute Ideen scheitern, weil das Management a) zu viel auf einmal will und b) dann zu wenig Geduld hat. Speziell der Versuch, den Markenerfolg mit klassischer Werbung in ganz kurzer Zeit zu erzwingen, funktioniert in unserer überkommunizierten Gesellschaft immer seltener. Ein wesentlicher oder besser der wesentliche Grund dafür ist, wie wir oder besser unser Gehirn auf neue Ideen gerne reagiert. Dabei kann man oft die folgenden sechs Reaktionen feststellen:

Erste Reaktion: „Nie zuvor davon gehört. Das kann nichts werden."

Zweite Reaktion: „Das soll ein Erfolg werden. Das interessiert doch niemanden."

Dritte Reaktion: „Netter Gag, aber das wird bald vorbei sein."

Vierte Reaktion: „So blöd kann die Idee nicht sein."

Fünfte Reaktion: „Darauf hätte man selbst kommen können."

Sechste Reaktion: „Ich habe schon immer gewusst, dass das eine Bombenidee ist."

Die logische nächste Reaktion darauf sollte dann natürlich der Kauf sein. Natürlich laufen diese oben genannten Reaktionen nicht bei allen gleich und nicht immer genau in dieser Reihenfolge ab. So gibt es Menschen, die neuen Kategorien und Marken sehr aufgeschlossen gegenüberstehen, während andere etwas mehr oder teilweise auch sehr viel mehr Zeit brauchen, um sich für Neues zu öffnen.

Die Faktoren „Mundpropaganda" und „Herdentrieb"

Ein wesentlicher Grund, warum viele Menschen ihre Einstellung zu neuen Ideen und Marken nach und nach ändern, ist der Herdentrieb gepaart mit Mundpropaganda und zudem gepaart mit ständiger Wiederholung. Je mehr Menschen eine neue Idee und damit eine neue Marke nutzen, darüber sprechen und je öfter – damit verbunden – oft auch über den Erfolg in den Medien berichtet wird, desto überzeugender wird die Idee und Marke nach und nach in der kollektiven Wahrnehmung und im kollektiven Gedächtnis. So kann, wie Studien aus der Gehirnforschung zeigen, alleine ständige Wiederholung unsere Wahrnehmung positiv beeinflussen.

Das heißt: Je mehr Menschen eine neue Kategorie und Marke kaufen und auch darüber reden, desto mehr Menschen werden sich überlegen, ebenfalls diese neue Kategorie und Marke zu kaufen. Nur sollte man damit auch sicherstellen, dass die eigene Kategorie und Marke auch wirklich Gesprächsstoff liefert. Das ist aber nur die eine Seite.

Auf der anderen Seite sollten auch Unternehmen beim Aufbau einer neuen Marke ihr Markenaufbau-Muster an diese oben genannten Reaktionen anpassen. Ideal dazu ist, wenn man sich im Sinne der Tipping-Point-Theorie von einer mentalen und dann tatsächlichen Marktführerschaft zur nächsten größeren mentalen und dann tatsächlichen Marktführerschaft bewegt.

Von Facebook lernen

Sehen wir uns dazu noch einmal Facebook an! Eigentlich dürfte Facebook, speziell wenn es nach der klassischen First-Mover-Theorie geht, heute nicht Marktführer sein. Denn als Mark Zuckerberg Facebook startete, gab es bereits zwei soziale Netzwerke, nämlich MySpace und Friendster. So gesehen war Facebook nur eine „schwache" Nr. 3.

Nur statt MySpace und Friendster frontal anzugreifen, bewegte sich Facebook geschickt von einer Marktführerschaft zur nächsten. Denn statt die Marke einfach als weiteres soziales Netzwerk zu positionieren, fand Mark Zuckerberg eine erste Marktführerschaft für Facebook in Harvard. Facebook war anfänglich das soziale Netzwerk nur für diese eine Universität. Der Marktanteil bei den Studierenden lag dabei in Harvard sehr schnell bei 90 Prozent.

Dann erweiterte er den Fokus auf die Ivy League, die acht renommiertesten Universitäten an der Ostküste der USA und dann auf Universitäten allgemein. Mit dieser schrittweisen Vorgehensweise bewegte sich Facebook von einer mentalen Position der Stärke zur nächsten, bis es dann die Welt eroberte. 2007 gab Zuckerberg dann das Netzwerk offiziell für die Allgemeinheit aus einer Position der Stärke frei.

Von Red Bull und Takis lernen

Aber nicht nur Mark Zuckerberg fand ein perfektes Wachstumsmuster. Auch Dietrich Mateschitz definierte – nach ersten Startschwierigkeiten – ein perfektes Muster für das internationale Markenwachstum. So fokussierte er immer nur auf ein wichtiges Land. Wenn dieses Land sehr groß war, fokussierte er sogar alle Aktivitäten zuerst auf eine Stadt oder Region. In dieser Stadt oder Region wiederum fokussierte er zuerst alle Kräfte auf die Szenegastronomie, dann auf die Gastronomie, dann auf Convenience-Stores und Tankstellen und erst dann auf die Supermärkte. Gleichzeitig durfte die klassische Werbung von Red Bull erst starten, wenn die Marke in den Supermärkten angekommen war.

Oder nehmen Sie Takis! Heute ist diese Marke der Herausforderer von Lay's und Doritos in den USA. Aber auch Takis, erfunden im Jahr 1999 in Mexiko, startete 2006 in Amerika mit den extra-scharfen gerollten Tortilla-Chips klein. Der Fokus lag dabei zuerst auf dem dort wachsenden hispanischen Markt, den man über Convenience-Stores und Tankstellen bediente. Schnell aber entdeckte man, dass Snackautomaten vor allem an Universitäten ideal waren, um Mundpropaganda und nachhaltiges Wachstum zu generieren. So sind Studierende nicht nur Heavy-Users von Snacks, sondern auch neuen Ideen gegenüber in der Regel aufgeschlossener als andere Bevölkerungsgruppen.

Zudem wurde die Marke aufgrund der einzigartigen Form, des scharfen Fuego-Geschmacks und der vielen geteilten Meldungen in den sozialen Medien schnell bei Studierenden und Teenagern immer populärer und populärer. Aktuell ist Takis so mit Sicherheit im wahrsten Sinne des Wortes die heißeste Snackmarke in den USA, die natürlich auch längst Walmart und Co. erobert hat. Wesentlich dazu trugen auch immer wieder Meldungen bei, die vor dem Genuss von Takis aufgrund der Schärfe warnten und immer noch warnen.

Die drei Integrationsfaktoren

Damit sind wir bei einem weiteren wichtigen Punkt in Bezug auf einen durchdachten und gehirn-gerechten Wachstumsplan. Es geht darum, dass man dabei Zielgruppe, Vertriebskanal und Medien jeweils perfekt integriert. Dazu sollte man sich die folgenden drei Fragen stellen:

(1) Wer ist die ideale Startzielgruppe und wie können wir diese dann Schritt für Schritt erweitern? Hier geht es darum, dass man in Analogie zu Facebook das eigene „Harvard" findet und definiert. Für die Smartphone-Bank N26 spielten dabei ähnlich wie bei Takis Universitäten und damit

Studierende eine große Rolle. Dazu initiierte N26 eigene Ambassador-programme. Für Monster Energy wiederum waren Gamer und Gamerinnen eine wesentliche Startzielgruppe. Ideal als Startzielgruppe sind vor allem analoge und digitale Communities mit hohem Mundpropaganda- und hohem Vernetzungspotenzial.

(2) Mit welchen Kommunikationskanälen können wir unsere Startzielgruppe bestmöglich glaubwürdig erreichen? Dabei sollte man den Begriff „Kommunikationskanal" sehr breit definieren. Das können natürlich klassische Medien genauso wie soziale Medien sein. Aber dabei sollten auch das Produkt selbst und Verpackung eine große Rolle spielen. In einem großen Walmart wären Takis wahrscheinlich zu Beginn einfach in der Menge der Snacks untergegangen. In den Snackautomaten stachen sie auch aufgrund der Verpackung klar hervor.

Das heißt: Hier sollte man wirklich überlegen, wie man die Startzielgruppe möglichst stark mit der eigenen Kommunikation penetrieren kann. Dabei sollte man auch an relevante Messen, Events, Challenges, Pop-up-Stores, Sampling-Aktionen, Foodtrucks oder an Verkostungen denken. Aber auch der eigene Fuhrpark, die Bekleidung der Mitarbeitenden, Seminare, Webinare oder Schulungen können hier eine Rolle spielen. Zudem sollte man aber schon in der Startphase überlegen, wie man dann gezielt Zielgruppen und Kommunikationskanäle Schritt für Schritt erweitern kann.

(3) Was sind die idealen Vertriebskanäle, um die Startzielgruppe perfekt zu erreichen? Es genügt nicht, dass man die Startzielgruppe und die dazu passenden Kommunikationskanäle sauber definiert, man braucht dazu auch die passenden Vertriebskanäle. So waren natürlich für Takis die Snackautomaten an Universitäten ideal, um wirklich gezielt die Studierenden zu erreichen.

Speziell Start-ups, die nur online verkaufen, sollten hier wirklich den Fokus gezielt auf bestehende Communities verengen, um sich einmal eine Basis zu schaffen. Nehmen Sie etwa Löwenanteil! Diese E-Commerce-Start-up-Marke, die für proteinreiche Bio-Fertiggerichte steht, fokussierte von Anfang auf die Sport- und Fitnessszene im deutschsprachigen Raum, um sich dort einen Namen zu machen. Basierend darauf plant man jetzt die weitere Expansion in Europa.

Von Glossier, Monroe und On lernen

Es kann dabei aber auch Sinn machen, dass man sich zuerst selbst eine eigene Community aufbaut, um diese dann mit einem eigenen Angebot und Shop zu erreichen. Dies machte etwa Emily Weiss mit ihrem Beauty-Blog „Into the Gloss". 2010 ins Leben gerufen, hatte dieser Blog drei Jahre später 120.000 Follower und rund zwei Millionen Einzelbesucher pro Monat.

Darauf aufbauend entwickelte sie ihre E-Commerce-Beauty-Marke Glossier, die 2023 bereits 275 Millionen US-Dollar Umsatz machte. So nutzen aktuell viele Influencer und Influencerinnen ihre Community, um damit neue Produkte und Marken zu lancieren. Aber nur wenige davon werden wirklich nachhaltig erfolgreich wie Glossier werden. Viele werden einfach als Modeerscheinung starten und enden.

Das Erotic-Start-up Monroe in Österreich wiederum setzt gezielt auf Toyparties, um das eigene E-Commerce-Geschäft anzukurbeln. Dabei spricht man bewusst von Toyparties, um sich klar von den sogenannten Dildo-Partys des Mitbewerbs abzugrenzen. So ist es immer wieder interessant zu beobachten, dass auch viele reine E-Commerce-Marken analoge Communities mit als Startbasis zum Erfolg nutzen.

Oder nehmen Sie den Aufstieg von On Laufschuhe, die 2010 von David Allemann, Olivier Bernhard und Caspar Coppetti in der Schweiz gegründet wurde. Zum Erfolg befragt erkläre Allemann im OMR Podcast: „Man kann gegen die großen Marken [wie Nike und Adidas] nicht einfach etwas in die Welt setzen, das nur auf Marketing basiert. Wir haben uns in jedem Land gefragt: ‚Was sind die fünf wichtigsten Laufsport-Geschäfte, die als absolute Experten gesehen werden?' Und dann sind wir mit denen laufen gegangen."

So wagte man aufgrund der geographischen Kleinheit der Schweiz bereits 2013 den Sprung in die USA und 2017 nach Japan. 2019 war die Marke bereits in über 5.000 Geschäften weltweit erhältlich. Aufgrund der oben genannten Verkaufs- und Expansionsstrategie waren viele der Verkäufer selbst Fans der On Laufschuhe, was wieder zu positiver Mundpropaganda führte.

Dazu erklärte Allemann ergänzend: „Bei Laufschuhen wurde schon so viel Marketing gemacht, dass die Kunden eh nichts mehr glauben. Wir haben die Marke nicht über das eigene Wort aufgebaut, sondern über die Meinung der Experten." 2023 macht die Marke einen Umsatz von 1,8 Milliarden Schweizer Franken, davon 1,7 Milliarden mit Laufschuhen.

Glaubwürdige Multiplikation finden und nutzen

Egal, welchen Wachstumspfad man als Unternehmen für den Markenaufbau wählt, wirklich entscheidend ist die enge Verzahnung von Startzielgruppe, Startkommunikationskanälen und Startvertriebswegen. Hier sollte man – à la Facebook – genau überlegen, wie man sich Schritt für Schritt von einer Marktführerschaft zur nächsten größeren Marktführerschaft bewegen kann. Das heißt: Man sollte immer im Auge haben, dass man die jeweils erweiterte Zielgruppe wieder jeweils perfekt mit den erweiterten Kommunikationskanälen und den erweiterten Vertriebswegen und -aktivitäten abstimmt.

Dabei können Influencer und Influencerinnen eine große Rolle als Multiplikatoren spielen. Aber auch hier sollte man sich geschickt vom Kleinen zum Großen bewegen. Bei der Auswahl möglicher Influencer und Influencerinnen sollte man daher nicht nur auf den Fit achten, also ob diese perfekt zur Marke passen, sondern vor allem auch auf deren Glaubwürdigkeit gegenüber der Zielgruppe und auf deren Integration in den eigenen angestrebten Wachstumspfad.

So kann es enorm Sinn machen, dass man sich auch in der Welt der Influencer von Nano-Influencern (1.000 bis 9.999 Follower) über Micro-Influencer (10.000 bis 99.999), Macro-Influencer (100.000 bis 999.999), Mega-Influencer (1.000.000 bis 9.999.999) bis hin zu Giga-Influencern bewegt, die mehr als 10 Millionen Follower haben. Dabei zeigen auch hier Studien, dass etwa Nano- oder Micro-Influencer sehr oft eine höhere Glaubwürdigkeit als Mega- und Giga-Influencer haben. Ideal ist natürlich auch, wenn etwa die Verkäufer und Verkäuferinnen selbst wie Influencer im Verkauf agieren.

Wie wichtig Influencer und Influencerinnen für Marken sein können, zeigen auch aktuelle Zahlen. Dazu sollten wir uns eine Studie ansehen, die im Zeitraum von Dezember 2021 bis Januar 2022 in Deutschland durchgeführt wurde. Laut Statista gaben bei dieser Studie 24 Prozent der 3.500 befragten Internetnutzer an, dass sie in den letzten zwölf Monaten mindestens ein Produkt gekauft oder eine Dienstleistung in Anspruch genommen haben, weil das jeweilige Angebot von einem YouTuber beworben wurde.

YouTuber lagen damit vor Instagrammern (19 Prozent) und Bloggern (18 Prozent). Sonstige Social-Media-Influencer kamen in Summe auf 20 Prozent. Weltweit waren die wichtigsten Social-Media-Kanäle für Unternehmen laut Statista im Jahr 2023 Facebook, Instagram, LinkedIn, YouTube, Twitter und TikTok, wobei TikTok sicher aktuell auf der Überholspur ist.

Neu über Grenzen hinaus denken

Speziell aber sollte man beim Markenaufbau das Thema Internationalisierung von Anfang an im Fokus haben. Dabei sollte man zudem auf zwei wesentliche Veränderungen gegenüber dem 20. Jahrhundert achten:

(1) War früher der Aufbau einer globalen Marke mehr oder weniger den großen internationalen Konzernen vorbehalten, kann heute so gut wie jede und jeder online eine globale Marke bauen. Damit entsteht neben der klassischen Marke immer öfter auch die sogenannte Mikromarke. Das ist eine „kleine" Marke, in sich ganz gezielt im Internet auf eine Community fokussiert, um dort zur ersten Wahl zu werden.

(2) Internationalisierte man früher – auch aufgrund der national geprägten Medienlandschaft – von einem Land zum nächsten Land, und dann von einem Kontinent zum nächsten Kontinent, kann man heute sofort länderübergreifend wachsen. Nur auch dabei sollte man dann immer einen genauen Wachstumsplan und Wachstumspfad definieren. So kann man sich etwa von einer kleinen Community zu einer größeren Community bewegen, dann zu einer noch größeren, bis man die Allgemeinheit erreicht. Man kann aber sogar in „Social-Media-Kontinenten" denken. Shein und Temu wurden etwa im TikTok-Kontinent groß, bevor man sich dann auf andere Social-Media-Kontinente bewegte. Oder nehmen Sie den Hostinganbieter Strato. Dieser fokussiert aktuell – weg von TV – die eigene Werbung auf das Live-Streaming-Portal Twitch.

Versäumte Internationalisierung oder die verspielte Zukunft

Zudem sollte man aber sicherstellen, dass man sich nicht im eigenen Heimmarkt frühzeitig verzettelt. Für Dietrich Mateschitz war immer klar, dass Red Bull nicht nur eine internationale, sondern vor allem auch eine globale Marke werden sollte. Dies spiegelte sich nicht nur in der Kategorie, im Markennamen und der verbalen und visuellen Positionierung, sondern vor allem auch in der über Jahre auf ein Produkt fokussierten Wachstumsstrategie wider.

Ohne diesen engen global ausgerichteten Fokus hätte man wahrscheinlich zuerst versucht, in Österreich das gesamte „Energy"-Potenzial, etwa mit Energyriegel, Energygums oder Energybons zu heben. Nur genau das wäre keine gute Idee gewesen. Denn genauso verbauen sich viele Unternehmen selbst ihre internationale oder globale Zukunft, weil man sich frühzeitig national „verzettelt".

Das gilt speziell für die globale Welt des Internets. Nehmen Sie etwa Xing. Die Plattform Xing wurde vor etwas mehr als 20 Jahren unter dem Namen OpenBC (Open Business Club) durch Lars Hinrichs gegründet und stieg schnell zum führenden Business-Netzwerk in Deutschland, oder besser im deutschsprachigen Raum, auf.

Bereits 2006 kam dann das Rebranding auf Xing. Dazu hieß es im Manager-Magazin am 9. Oktober 2006: „Die gewagte Wandlung: Gegründet im August 2003 zählt Open BC, die Plattform für Geschäftskontakte im Internet, inzwischen mehr als 1,5 Millionen Mitglieder. Doch nicht mehr lange: Open BC geht, Xing kommt." Mit der Umbenennung wollte man laut Gründer Hinrichs vor allem auch internationaler werden.

Hinrichs erkannte bereits damals klar, dass man online – wenn es keinen echten regionalen Wettbewerbsvorteil gibt – wenig Chancen auf dauerhaften Erfolg hat. Das gilt speziell auch dann, wenn der Erfolg auf der sozialen Vernetzung beruht. So gesehen war diese Namensentscheidung im Jahr 2006 brillant, nur leider fand man keine passende Marken- und Unternehmensstrategie dazu.

In einer internationalen oder besser globalen Welt blieb Xing immer eine Art „einsame Insel" mit vielen Nutzern aus dem deutschsprachigen Raum. Konkurrent LinkedIn punktete dagegen vor allem mit Internationalität, Interaktivität und Content. So gesehen ist es nicht verwunderlich, dass man sich aktuell bei Xing neu positionieren will und sogar neu positionieren muss.

Genau hier haben die Amerikaner, aber auch die Chinesen, große Vorteile. Der eine Vorteil ist natürlich auch im Gegensatz zur EU der größere, wirklich sehr viel einheitlichere Binnenmarkt. Der zweite Vorteil ist die Sprache. So starten amerikanische Websites natürlich auf Englisch und haben damit eine sehr viel geringere Sprachbarriere.

Aber auch die Chinesen haben hier den Vorteil, dass sie aufgrund der eigenen Sprache, vor allem aber der Schriftzeichen frühzeitig gezwungen werden, auf Englisch zu setzen, wenn man internationalisieren möchte. Diese beiden Vorteile sind sicher mit ein Grund, warum heute die digitale Welt immer mehr zu einem Duell zwischen China und den USA mit dem Zuseher Europa wird.

Die Geschichte der Geschichten

Ganz wesentlich für den nationalen und internationalen Erfolg einer Marke kann dabei eine ganz spezielle Geschichte sein, nämlich die Gründungsgeschichte. Je nachvollziehbarer und spannender diese ist, desto größer ist die Chance, dass man damit in der Wahrnehmung und im Gedächtnis der Kunden mit den Grundstein zum Erfolg legt.

Im Idealfall erzählt die Gründungsgeschichte nicht nur glaubwürdig, wie die Marke und das Unternehmen entstanden sind, sondern positioniert zudem die Marke einzigartig, um gleichzeitig subtil den Mitbewerb als „ungenügend" zu repositionieren. Dazu sollten wir uns drei Beispiele ansehen:

Loxone: Vor 15 Jahren revolutionierte Loxone mit dem grünen Miniserver und der ersten Miniserver-basierten Smarthome-Lösung den Markt für Heimautomation. Heute macht das Unternehmen, wie bereits erwähnt, über 200 Millionen Euro Umsatz und wurde bereits als Unicorn eingestuft. Einen wesentlichen Beitrag dazu leistete die Gründungsgeschichte.

Diese brachte Thomas Moser, einer der Gründer, in einem Interview im Jahr 2018 so auf den Punkt: „Mein Partner Martin Öller und ich waren beide am Hausbauen bzw. planen und wollten eine leistbare Lösung, die einem zu Hause die allermeisten Funktionen puncto Komfort, Sicherheit und Energieeffizienz abnimmt. Wir beide stellten aber fest, dass alles Smarte, was auf dem Markt angeboten wurde, unpraktisch, kompliziert und vor allem richtig teuer war. Das war dann 2009 der Grundstein der Firmengründung von Loxone als Smart-Home-Komplettanbieter."

Mit dieser Geschichte brachte und bringt Tom glaubwürdig auf den Punkt, warum es Loxone als Idee, Unternehmen und Marke unbedingt geben musste. Gleichzeitig repositionierte er mit der Stelle „Wir beide stellten aber fest, dass alles Smarte, was auf dem Markt angeboten wurde, unpraktisch, kompliziert und vor allem richtig teuer war" geschickt den bis dato bestehenden Mitbewerb als „ungenügend" und vor allem auch als zu teuer.

Löwenanteil: 2017 wurde das E-Commerce-Start-up und mit ihm die Marke Löwenanteil von Robin Redelfs und Thomas Kley ins Leben gerufen. Zur Gründungsidee gefragt, erzählte Redelfs in einem Interview: „Aus dem eigenen Problem heraus. Mein Mitgründer Thomas und ich machen beide viel Sport. Das bedeutet, wir brauchen gutes Essen, um unsere körperlichen

Ziele zu erreichen. Im beruflichen Alltag war dies für uns immer eine riesige Challenge und ein echter Pain, da wir nicht besonders gut darin waren, uns regelmäßig Mahlzeiten vorzukochen. Das Ergebnis: Wir waren ständig in Restaurants essen oder haben auf eher ungesunde Lieferdienste zurückgegriffen. Das Problem: Die Restaurantbesuche und Lieferdienste sind auf Dauer nicht nur extrem teuer, sondern liefern nicht mal die nötigen Nährstoffe, die wir brauchen. Und in der Regel halten sie auch nicht besonders lange satt. Auch bei der Qualität der Zutaten macht man dort in aller Regel Abstriche. Da es für uns keine attraktive und praktische Lösung am Markt gab, haben wir es also selbst in die Hand genommen. Unser Produkt, welches aufgrund der Zusammenarbeit mit einem Bio-Spitzenkoch nicht nur hervorragend schmeckt, sondern auch ein sehr starkes Nährwertprofil mit vielen Proteinen und Ballaststoffen liefert, macht nachhaltig satt und lässt sich super einfach in den Alltag integrieren. Also kein Grund mehr für ‚Ausrutscher-Tage', an denen man aus Mangel an Zeit auf ungesunde Lebensmittel zurückgreift."

Ähnlich wie Loxone geht es auch hier nicht nur vom Problem zur Lösung, sondern man positioniert gleichzeitig wieder geschickt die eigene Marke und repositioniert den Mitbewerb als nicht wirklich passend für ernährungsbewusste Sportler und Fitnessorientierte. Im Januar 2023 erzielte Löwenanteil laut Eigenangaben einen Umsatz von 3 Millionen Euro und plante für 2023 einen Umsatz von 30 Millionen Euro über den eigenen Online-Shop.

On: Diese Laufschuh-Marke mit ihrer einzigartigen patentierten Cloud-Tec-Sohle wurde in der Schweiz gegründet und startete dort auch ihren Schuhverkauf. Zur Gründungsidee und -geschichte erzählte David Allemann, einer der Gründer: „Bei On geht es nicht um Mode, sondern um ein neues Laufgefühl. Und Verzierungen machen einen Schuh nicht besser, sondern vor allem schwerer. Das sieht man bei vielen Modemarken, die Schuhe anbieten, die sich als Sneaker zwar optisch an Laufschuhen anlehnen, aber doppelt so schwer sind. Da geht vergessen, warum Laufschuhe ursprünglich als Sneaker Teil unserer Mode geworden sind."

Viele Marken entstehen so nicht nur aus dem eigenen Hobby, aus einem Problem oder oft auch aus einer gemeinsamen Idee heraus, sondern liefern so gleichzeitig die perfekte Gründungsgeschichte. Das gilt etwa auch für Online-Marken wie Chronext, Glossier, Net-A-Porter, N26 oder Vestiaire

Collective. Die Gründungsgeschichte ist auch deswegen so wichtig, weil es die eine Geschichte ist, die ein Unternehmen immer und immer wieder aufgreifen kann.

Schneller Start und schnelles Ende
Aber auch für große Konzerne wird es trotz aller Ressourcen immer schwieriger, Marken wie gewohnt in kurzer Zeit zu bauen. Das gilt speziell auch dann, wenn große Konzerne im Internet gegen Start-ups mit aller Macht und Gewalt punkten wollen. Dazu sollten wir uns Beiersdorf und die Marke O.W.N. näher ansehen.

Am 17. Februar 2021 kündigte Beiersdorf den Einstieg in die personalisierte Gesichtspflege mit der Marke O.W.N. (Only What's Needed) an. Der damalige Beiersdorf-CEO Stefan De Loecker erklärte im Handelsblatt dazu, dass man in den nächsten fünf Jahren alleine 300 Millionen Euro in digitale Projekte wie O.W.N. investieren werde. Und auf Horizont Online hieß es dazu: „Die Zutaten, aus denen Beiersdorf seine neue Pflegemarke O.W.N. zusammengerührt hat, scheinen mit Bedacht ausgewählt worden zu sein und dürften bei Markt- und Trendforschern wahre Begeisterungsstürme auslösen."

Meine Einschätzung damals war etwas nüchterner. So schrieb ich in meinem Buch „Radikale Markenfokussierung": „Der Konzern Beiersdorf ist es sicher gewöhnt, rasch und perfekt mit neuen Produkten zu starten. Damit steigt jedoch die Gefahr, dass das Marketing ‚aufgesetzt' wirkt und man sich selbst einer spannenden Markengeschichte beraubt. Erschwerend kommt hinzu, dass Beiersdorf wahrscheinlich auch die Geduld fehlt, eine Marke langsam zu entwickeln. Nur genau diese Art von Ungeduld könnte dazu führen, dass die Marke nie so erfolgreich wird, wie diese hätte vielleicht werden können. … So wäre es wahrscheinlich auch für Beiersdorf clever gewesen, zum Beispiel nur mit der Zielgruppe Frauen zu starten. Die Zukunft wird es zeigen."

Die Zukunft lautete dann am 13. April 2023 auf MarketScreener.com so: „Beiersdorf hat die personalisierte Gesichtspflegemarke O.W.N. (Only What's Needed) 2022 nach nur etwas mehr als einem Jahr wieder eingestellt." Beiersdorf-CEO Vincent Warnery erklärte dazu auf eine Aktionärsfrage auf der damaligen Jahreshauptversammlung: „Das Gesamtvolumen blieb unter unseren Erwartungen."

Von der Neuigkeit zur Bestätigung

Wenn dann aber – im Gegensatz zu O.W.N. – die eigene Marke national oder international einmal echten Markenstatus in der Wahrnehmung und am Markt erreicht hat, geht es darum, dass man diesen Erfolg konsequent und fokussiert ausbaut und absichert. Dazu sollten wir noch einmal einen Blick in unser Gehirn werfen. So liebt unser Gehirn – vereinfacht ausgedrückt – zwei Dinge, einerseits interessante Neuigkeiten und andererseits Bestätigung.

Solange die eigene Marke echten Neuigkeitswert hat, sollte vor allem die analoge und digitale PR im Zentrum der Kommunikation stehen. Wenn die Marke dann „Mainstream" wird, sollte sukzessive die analoge und digitale Werbung das Kommando in der Kommunikation übernehmen. Wenn man die Geschichte von Marken im Detail studiert, stößt man immer wieder beim Markenaufbau auf das Muster „zuerst PR, dann Werbung".

Von Tesla lernen

Viele Start-up-Unternehmen „killen" ihr PR- und damit oft auch ihr Marken- und Marktpotenzial, weil man viel zu früh auf bezahlte Werbung setzt, die man sich weder leisten kann noch sollte. Wie man es aus Markensicht perfekt machen kann, zeigte und zeigt Elon Musk mit Tesla. Er nutzte und nutzt das volle PR- und damit auch Mundpropaganda-Potenzial zum Marken- und Marktaufbau.

So ist Tesla heute nicht nur laut Interbrand (Stand 2023) die wertvollste Elektroautomarke der Welt mit einem Markenwert von 49,9 Milliarden US-Dollar, sondern bereits auch die viertwertvollste Automarke überhaupt. Nur mehr Toyota (64,5 Mrd. US-Dollar), Mercedes-Benz (61,4) und BMW (51,2) liegen vor Tesla. Dazu kommt, dass Tesla als einzige westliche Marke bei verkauften Elektroautomodellen sowohl global als auch in Europa, den USA und zudem China in den Top 10 zu finden war. In Europa und in den USA lag man bei den Modellen sogar auf Platz 1.

Alles dies schafften Elon Musk und Tesla so gut wie ohne klassische Werbung, also nur mit PR in einer Industrie, die für ihre milliardenschweren Marketingetats bekannt ist. Umso mehr stieß es auch global in den Medien auf Beachtung, als er 2023 bei einem Aktionärsmeeting in Austin, Texas mit folgender Aussage aufhorchen ließ: „Wir werden ein bisschen Werbung ausprobieren und schauen, wie es läuft."

Aber genau das ist der wesentliche Punkt: Zuerst sollte man das eigene PR-Potenzial voll nutzen, bevor man dann nach und nach auf Werbung setzt. Elon Musk ist nicht alleine. Dieses Muster „zuerst PR, dann Werbung" schuf unzählige Marken, wie etwa auch Amazon, Dyson, Ebay, Facebook, iPhone, Netflix, Spotify, TikTok oder auch Ryanair.

Drei wesentliche Erfolgsfaktoren

Um das Ganze im Gesamtkontext noch besser zu verstehen, sollten wir uns drei zentrale Punkte oder Erfolgsfaktoren für diesen Ansatz „zuerst PR, dann Werbung" noch einmal ansehen:

(1) Neue Kategorie: Es genügt nicht, dass man dafür ein neues Produkt oder eine neue Marke lanciert. Es muss wirklich gelingen, dass man in den Köpfen der Kunden eine neue erste Kategorie etabliert und dann besetzt. So steht etwa Amazon in der Wahrnehmung der Kunden stellvertretend für Online-Handel, Facebook für soziales Netzwerk, Netflix für Video-Streaming, Spotify für Musik-Streaming, Ryanair für Diskontfluglinie in Europa, On Schuhe für ein neues Laufgefühl mit CloudTec-Sohle oder TikTok für Kurzvideos im Internet.

(2) Kontroverse: Medien lieben Kontroversen, vor allem lieben es die Medien, wenn jemand den Status Quo herausfordert und in Frage stellt. Genau das machte Elon Musk perfekt für die Marke Tesla. Dabei ist es auch kein Problem, wenn eine kontroverse Idee zu Beginn von Experten eher belächelt und kleingeredet wird. Ganz im Gegenteil: Genau das kann zusätzlich die Spannung massiv erhöhen und damit die Basis für weitere PR und Mundpropaganda legen. Perfekt machte es auch, wie bereits erwähnt, Steve Jobs bei der ersten iPhone-Präsentation 2007, als er das Bild mit vier herkömmlichen Smartphones mit Tastaturen zeigte, um dann das iPhone als die Alternative ohne Tastatur, aber mit Touchscreen, zu präsentieren. Zudem profitierte Apple später aus PR- und Mundpropagandasicht enorm von den Kontroversen zwischen Apple-Fans und Apple-Bashern.

(3) Sprecherfunktion: Da man weder Produkte noch Dienstleistungen interviewen kann, steht im Idealfall eine Person dahinter, die aktiv diese Sprecherrolle für die Marke und die gesamte Kategorie dahinter übernimmt. Dabei kann und darf diese Person sehr wohl auch polarisieren. Niemand fasste

dies besser zusammen als Ryanair-Chef Michael O'Leary, der einmal sagte: „Wenn ich abtrete, wird sicher unser Marketing-Etat wachsen, weil wir ohne meine Sprüche weniger Aufmerksamkeit bekommen – aber das sparen wir dann an Gerichtskosten, weil uns dann weniger Leute wegen meiner Sprüche verklagen." Damit traf er, wenn auch sicher etwas ironisch gemeint, den Nagel auf den Kopf.

Kontroverse in der Werbung fortsetzen

Aber auch wenn das PR-Potenzial einer neuen Kategorie und Marke nachlässt, kann man dieses Muster der Kontroverse in der Werbung fortsetzen und verstärken. Dies machte Duracell mit den rosa Häschen perfekt, die herkömmliche Zink-Kohle-Batterien „alt und schwach" aussehen ließen. Das machte Dr. Best mit der Tomate perfekt, die herkömmliche Zahnbürsten als starr und gefährlich für Zahnfleisch und Zähne repositionierte.

Oder nehmen Sie Gustavo Gusto! So heißt es in einem Werbespot der Marke: „Wann hast Du das letzte Mal eine richtig gute Tiefkühlpizza gegessen? Von Hand geformt, auf Stein gebacken und nur mit hochwertigen Zutaten belegt. Wie? Noch nie! Dann wird's aber Zeit. Gustavo Gusto. Die Premium-Tiefkühlpizza." So positioniert sich die Marke nicht nur geschickt als „Die Premium-Tiefkühlpizza", sondern repositioniert auch herkömmliche Fertigpizzen als weniger gut.

Wie man es macht, zeigt auch die Marke Sodastream, die die Position als führender „Wassersprudler" stetig ausbaut. So wäre es aus Markensicht viel zu wenig gewesen, hätte man die Innovation Wassersprudler allein vorgestellt. Wesentlich für den Marken- und Markterfolg war und ist, dass man sich gegen das schwere Schleppen, also gegen herkömmliche Cola-Getränke, Limonaden und kohlensäurehaltige Mineralwasser positioniert. Dazu passt natürlich perfekt der Slogan „Einfach sprudeln statt schwer schleppen".

Das Interessante dabei aus psychologischer Sicht: Wenn man die eigene Marke gegen den sehr viel größeren Mitbewerb positioniert, erhöht man nicht nur die eigenen Wachstumschancen, man hat in der Regel so gut wie immer auch einen echten Bezug zum Leben der Verbraucher. So wirkt etwa auch eine Carglass-Werbung besser, wenn man diese im Auto und nicht im Wohnzimmer hört. Nur leider wird dieser Kontext-Faktor von vielen immer noch massiv unterschätzt.

Den Markenfokus nicht verlieren

Das heißt: In der Regel startet eine Marke mit einer Idee und einem sehr engen Produkt- und Dienstleistungsangebot durch. Oft ist es sogar nur ein einziges Produkt oder eine einzige Dienstleistung, die für den Durchbruch und den ersten großen Wachstumsschub der Marke sorgt. Für Red Bull war das der erste Energydrink, für Dyson der erste beutellose Staubsauger, für Dr. Best die erste nachgebende Zahnbürste und für Tesla das Model S.

Nur wo wäre Tesla heute, wenn man nur das Model S hätte? So war es logisch, dass Tesla dann zusätzlich neue Modelle wie den Tesla X, den Tesla Model 3 und den Tesla Y lancierte. Nur genau hier startet dann auch die große Verantwortung in der Markenführung. Es geht nämlich darum, dass Marke und Wachstum im langfristigen Einklang stehen. Hier ist aktuell auch Tesla im Sinne der Modellpolitik gefordert. Auf der einen Seite geht es darum, dass man das eigene Image zukünftig nicht mit zu billigen Modellen untergräbt. Auf der anderen Seite sollte man aber unbedingt sicherstellen, dass man aus Kundensicht gegenüber Marken wie BYD oder in Zukunft vielleicht auch Xpeng nicht als „überaltert" wahrgenommen wird.

Anders ausgedrückt: Die strategische Positionierung oder sogar besser der gewählte Fokus der Marke gibt nicht nur die Richtung für die Zukunft vor, sondern ist auch klare Richtschnur, was zur Marke passt und was nicht. Das gilt für die Produkte und Dienstleistungen inklusive der jeweiligen gewählten Preise, das gilt für die gewählten Vertriebswege und natürlich auch für die Kommunikation und die Kommunikationskanäle.

BMW versus Volvo

Dazu sollten wir uns BMW und Volvo aus einer langfristigen Perspektive näher ansehen. Beide Marken fanden ihren Erfolgsfokus in den 1960er Jahren. Für BMW war das „Fahrfreude" und für Volvo „Sicherheit". Die Sicherheits-Positionierung war dabei für Volvo so erfolgreich, dass man, abgesehen vom Jahr 1977 von 1975 bis 1992 die meistverkaufte europäische Premiummarke in den USA war, vor Mercedes-Benz, BMW und Audi.

Nur war man damit bei Volvo nicht zufrieden. Um noch schneller zu wachsen, versuchte man die Marke zudem in Richtung Sport und Performance zu positionieren. Man wollte wahrscheinlich wie BMW und Audi werden. So lancierte man in den 1990er Jahren nicht nur Coupés, Sport-coupés, Cabrios und PS-starke Topmodelle, man stieg auch in den Motorsport ein. Aber statt so neue Kunden nachhaltig zu gewinnen, untergrub man die eigene Positionierung in der Wahrnehmung und im Gedächtnis der Kunden. Das spiegelte sich auch zeitversetzt in den Zahlen wider.

Während vor allem Mercedes, BMW und Audi in den letzten 25 Jahren massiv global wuchsen, verlor Volvo immer mehr den Anschluss. Im Jahr 2000 verkaufte Volvo global 422.000 Autos, während BMW mit dem Fokus auf Fahrfreude fast 835.000 Autos an den Mann und die Frau brachte. 2022 verkaufte dann BMW über 2,1 Millionen Autos, während Volvo im Vergleich nur auf etwas mehr als 615.000 kam. Dabei schrieb Volvo in den letzten Jahren immer wieder Rekordzahlen, seitdem der neue Eigentümer Geely die Marke wieder auf Sicherheit refokussiert hat. So kam man 2023 bereits wieder auf mehr als 700.000 Fahrzeuge, BMW aber sogar auf 2,4 Millionen.

Das wirklich Tragische aus Markensicht ist aber nicht nur, dass Volvo in den 1990er Jahren den Fokus auf Sicherheit verloren hatte, sondern dass man vor lauter „Sportlichkeit" eine neue Fahrzeugkategorie übersah, die perfekt zu Volvo und dem Sicherheitsimage gepasst hätte, nämlich das SUV. Statt bei SUVs der absolute Vorreiter zu sein, überließ man diese Rolle dem Mitbewerb. So lancierte BMW mit dem X5 das erste SUV bereits 1999, während Volvo den XC90 erst im Oktober 2002 überhaupt einmal vorstellte. Zu diesem Zeitpunkt fuhren bereits SUVs von BMW, Lexus oder Mercedes-Benz auf den Straßen. Selbst Porsche präsentierte den ersten Cayenne im September 2002 vor Volvo.

Von der Markendehnung …

In den 1970er und 1980er Jahren tauchte in der Markenwelt ein neues Konzept auf, das den Markeninhabern als ultimative Wachstumsstrategie angepriesen wurde. Die Rede ist natürlich von Brand- und Line-Extensions. Es ging also darum, den Wert der Marke zu nutzen, um mit immer neuen Leistungen unter Nutzung des guten Namens schnell und einfach zu wachsen.

Das Problem dabei: Am Beginn funktioniert diese Art der Strategie fast immer. Erst im Laufe der Zeit zeigen sich die negativen Folgen, wenn die Marke ihren Fokus und ihre Position in der Wahrnehmung und im Gedächtnis der Kunden zuerst verwässert und dann verliert. Genau daran leiden heute unzählige Marken weltweit. In der Regel wachen die Markenverantwortlichen eines Tages auf und müssen erkennen, dass ihre Marke in den Augen der Kunden nicht mehr das ist, was sie einmal war.

Das psychologische Problem dahinter: Je breiter und unspezifischer Marken in der Wahrnehmung werden, desto mehr leidet die Qualitätseinschätzung darunter. Gleichzeitig wird aber der Preis, besser der tiefe Preis, für die Kunden als Einkaufskriterium wichtiger.

Nehmen Sie etwa Warsteiner: Einst war diese Biermarke wirklich die Königin der Biere in Deutschland und die meistverkaufte Pilsbier-Marke. Dann folgte eine Zeit der extensiven Markendehnungen und vor allem auch vieler Preispromotions. Heute ist Warsteiner maximal ein weiteres Pilsbier unter vielen in Deutschland. Gleichzeitig stieg Krombacher mit der Fokussierung auf „Felsquellwasser" zum neuen Marktführer auf.

… in den Marken-Burnout

Was die Verantwortlichen bei Warsteiner beruhigen mag, ist, dass man nicht alleine ist. Der Marktforscher GfK und die Werbeagentur Serviceplan haben in diesem Kontext im Jahr 2013 sogar den Begriff Burnout Brands geprägt. Das sind Marken, die im Jahr mehr als 30 Prozent ihrer Stammkunden verlieren und innerhalb von zwei Jahren gleichzeitig Marktanteile. Von den damals untersuchten Brands waren bereits 41 Prozent Burnout Brands.

Dazu hieß es dann 2015 bei der Marken-Roadshow von GfK und Serviceplan: „Dabei zeigt sich, dass die rationalen und kurzfristig wirkenden klassischen Instrumente (Preispromotions, Sortimentserweiterungen, Werbedruck) nur noch für 30 Prozent des Markenerfolgs stehen. 70 % sind emotional und wirken langfristig. Burnout Brands positionieren sich in der Mehrzahl auf den kurzfristigen und rationalen Tools und treten hauptsächlich produkt- und nicht markenorientiert auf."

Das Ganze wird noch einmal dramatischer, weil viele Unternehmen, wenn sie merken, dass diese klassischen Tools nicht mehr so wie gewohnt funktionieren, noch mehr auf zwei dieser Tools setzen, nämlich auf noch mehr Preispromotions und noch mehr Sortimentserweiterungen. Nur sinkt dann meistens der Werbedruck, weil man sich diesen nicht mehr leisten kann. Was aber machen die Siegermarken oder Growth Brands laut GfK und Serviceplan dann anders? Dazu hieß es: „Growth Brands sind besonders erfolgreich, wenn sie einen durchgängigen Werte-Fit über alle Ebenen der Markenführung erzielen."

Gesundes versus ungesundes Markenwachstum

Damit sollte man in der Markenführung auch klar zwischen gesundem und ungesundem Markenwachstum unterscheiden. Gesundes Markenwachstum beruht darauf, dass man die eigene Position in der Wahrnehmung und im Gedächtnis größer und stärker macht. Genau hier geht es um diesen durchgängigen Werte-Fit über alle Ebenen. Dieser Fit sollte sicherstellen, dass a) auf der einen Seite neue Kunden gewonnen werden und b) die eigenen Stammkunden immer bestätigt werden. Genau deshalb geben auch starke Positionierungsideen wie Fahrfreude die Richtung nach innen und außen vor.

Ungesundes Markenwachstum beginnt in der Regel damit, dass man versucht, die Position der eigenen Marke auszunutzen, um vor allem mit nicht wirklich passenden Markendehnungen und übertriebenen Preispromotions zwanghaft auf Wachstumskurs zu bleiben. Hier geht es dann oft nur kurzfristig um die potenziellen Neukunden, während die Stammkunden mental und tatsächlich auf der Strecke bleiben.

Oft wird das Ganze noch durch eine unklare Positionierung befeuert, die dem Management „vorgaukelt", dass die eigene Marke in fast alle Richtungen wachsen kann. Damit sollte aber auch klar sein, dass keine Marke ewig auf Wachstumskurs bleiben kann. Denn wer versucht, es allen recht zu machen, macht es letztendlich niemandem mehr wirklich recht.

Performance versus kumulative Wirkung

Dazu sollte man auch einen kritischen Blick auf das sogenannte Performance-Marketing werfen. Vor 25 Jahren saß ich in einem Strategiemeeting, in dem es um die Neuausrichtung einer damals noch extrem starken Marke in Österreich ging. In diesem Meeting überraschte mich der neue Geschäftsführer mit folgender Aussage: „Im Möbelhandel ist die Positionierung nicht so entscheidend. Entscheidend ist, dass das Flugblatt wöchentlich ‚performt'."

Genau an diese Aussage muss ich immer und immer wieder denken, wenn diskutiert wird, ob Branding oder Performance-Marketing für eine Marke wichtiger ist. Beides ist wichtig. Nur eines darf dabei nie auf der Strecke bleiben, nämlich die kumulative Wirkung aller Maßnahmen, egal ob Branding oder Performance-Marketing. Wer immer nur auf die Einzelperformance, egal ob Flugblatt, Posting oder Video, achtet, wird mit Sicherheit in der Krise enden. Genau das passierte auch mit der oben erwähnten Marke im Möbelhandel.

Das heißt: Für unser Gehirn ist Wiederholung und Bestätigung enorm wichtig. Nur genau das erfordert, dass wirklich alle Touchpoints einer Marke deren Position in der Wahrnehmung und im Gedächtnis verstärken. Gefährlich wird es, wenn vor lauter Performance-Denken die kumulative Markenwirkung auf der Strecke bleibt.

Siegermarken, Krisen und Marktanteile

Dazu noch ein kurzer Ausflug in die Welt der immer wiederkehrenden Krisen. Gerade in Krisenzeiten haben Unternehmen oder besser deren verantwortliches Management schnell Kennzahlen wie Umsatz, Kosten und damit auch Gewinn im Auge. Speziell die Kombination aus stagnierenden oder sogar sinkenden Umsätzen bei oft gleichbleibenden oder gar steigenden Kosten drückt nicht nur auf das Gemüt und die Zuversicht der Verantwortlichen, sondern wirkt sich ganz klar in der Regel negativ auf den Gewinn und vor allem auch die Gewinnprognosen aus.

Gleichzeitig wird dabei oft aber eine weitere Kennzahl „übersehen", die sowohl bei steigenden, gleichbleibenden oder sogar sinkenden Umsätzen gesteigert werden kann. Diese Kennzahl ist der Marktanteil. So kann man etwa klar Marktanteile gewinnen, wenn der eigene Umsatz oder Absatz weniger schrumpft als der Umsatz oder Absatz der Mitbewerber. Genau deshalb sollten Siegermarken dieser Kennzahl in Krisenzeiten besondere Aufmerksamkeit schenken.

Um besser zu verstehen, worum es geht, sollte man sich eine Studie von GfK/Serviceplan aus dem Jahr 2010 ins Gedächtnis rufen. In dieser wurden 959 Herstellermarken über 9 Jahre hinweg beobachtet. Das interessante Kernergebnis: „Die größten Marktanteilsgewinne, aber auch die größten Marktanteilsverluste entstehen nicht in Wachstumsphasen, sondern in Phasen des konjunkturellen Abschwungs." Aber diese Studie zeigte noch mehr, nämlich, dass die Marktanteilsverluste, die man in Krisen macht, auch in längeren Wachstumsphasen nicht mehr aufgeholt werden können.

Dabei kann man sich zwei weitere Ergebnisse aus der oben erwähnten GfK/Serviceplan-Studie noch einmal ins Gedächtnis rufen:

(1) Die entscheidende Größe für Marktanteilsgewinne ist die Produkt-innovation.

(2) Der zweite wichtige Faktor ist der antizyklische Medieneinsatz.

Genau diese beiden Erkenntnisse sollten daher die Verantwortlichen von Siegermarken in Krisensituationen im Auge haben, um die eigene Erfolgs-position in der Wahrnehmung und am Markt nachhaltig über die Krisen hi-naus weiter zu stärken.

Vom konkreten Kleinen zum emotionalen Großen

Wenn man die Geschichte von Siegermarken studiert, stößt man zusammen-fassend immer und immer wieder auf ein Muster. Diese bewegen sich näm-lich in der Regel vom konkreten Kleinen zum emotionalen Großen. Genau das entspricht dem, wie unsere Wahrnehmung und unser Gedächtnis auf neue Ideen, Kategorien und Marken reagieren.

Spannend dabei ist auch der Faktor Emotion. Sehen wir uns dazu noch einmal Red Bull an. Red Bull sieht heute im Großen und Ganzen, speziell wenn man die Dose selbst und die Werbelinie betrachtet, genauso aus wie in den späten 1980er Jahren. Nur die Einstellung und Emotion ist eine gänzlich andere. Wurde die Marke damals von vielen gerade einmal belächelt, ist sie heute ein Vorbild für emotionale Markenführung.

Damit sind wir bei einem extrem wichtigen Punkt. Emotion ist in der Re-gel ganz eng mit Erfolg verbunden. Trotzdem hört man immer und immer wieder in Meetings folgenden Satz: „Wir müssen unsere Marke mit Werbung oder Kommunikation emotionalisieren." Übersehen dabei wird, dass emotio-nale Kommunikation alleine noch lange keine emotionale Marke macht.

Egal wie emotional heute die hunderten oder auch tausenden Kopien von Red Bull werben, man wird nie dieselbe Emotion wie Red Bull als Marke er-reichen. Das heißt: Die Emotion muss in der Marke selbst liegen. Der beste

Weg dazu: Eine dominante und positiv besetzte Position in der Wahrneh-mung und im Gedächtnis der Kunden. So einfach in der Theorie, oft so un-endlich schwer in der Praxis.

• •

LEKTION #7

Natürlich muss heute nicht jede Marke global denken. Wir werden auch in Zukunft erfolgreiche globale, internationale, nationale und natürlich auch regionale Marken haben. Entscheidend aber ist, dass man sich, egal ob global, national oder auch nur regional, Schritt für Schritt eine ureigene Spitzenstellung zuerst in der Wahrnehmung und im Gedächtnis und dann am Markt erobert. Genau deshalb sollte der eigene Markenaufbau immer gehirn-gerecht ablaufen.

• •

Kapitel 8

Denkmuster Unternehmenswachstum (oder die Macht mehrerer Marken)

Keine Marke, auch keine Siegermarke, kann ewig gesund wachsen. Jede Marke wird je nach strategischer Ausrichtung einmal regional, national oder auch global an ihre gesunden Wachstumsgrenzen stoßen. Genau deshalb macht es speziell für große Unternehmen Sinn, nicht in einer, sondern in mehreren Marken, also in Markensystemen, zu denken. Denn genauso können Unternehmen dann mit mehreren Marken oder noch besser Siegermarken gesund weiterwachsen.

119

Entscheider sollten daher immer klar zwischen Marken- und Unternehmens-wachstum unterscheiden. Das heißt: Wenn man erkennt und akzeptiert, dass eine Marke nicht ewig wachsen kann, dann erkennt und akzeptiert man auch die Notwendigkeit und vor allem die Macht von Mehr-Marken-Systemen.

Dazu nur ein Extrembeispiel oder besser eine Extremfrage: Wie würde heute Procter & Gamble dastehen, wenn man sich seit 1879 vor allem auf die Marke Ivory Soap konzentriert hätte? Das, was Procter & Gamble heute so stark und profitabel macht, sind Marken wie etwa Always, Ariel, Bounty, Braun, Charmin, Crest, Fairy, Febreze, Gilette, Head & Shoulders, Ivory, Lenor, Meister Proper, Pampers, Pantene, Olay, Oral-B, Secret, Swiffer, Tide oder Wick.

Das heißt: Die wahre Stärke von Procter & Gamble und vielen anderen sehr erfolgreichen Mehr-Marken-Systemen wie etwa auch von Alphabet, Apple, Beiersdorf, Coca-Cola, Estée Lauder, Heineken, Intersnack, Johnson & Johnson, Kellogg, L'Oréal, LVMH, Mars, Meta, Nestlé, Otto, Pfizer, Richemont, Rolex, Swatch, Volkswagen oder Unilever liegt darin, dass man mit mehreren Marken ausgewählte Märkte mental und tatsächlich dominiert.

Allerdings sind Mehr-Marken-Systeme nichts für Amateure. So geht es nicht darum, dass man generell einfach mehrere Marken im Portfolio hat. Das führt oft nur zu mehr Chaos sowohl im Unternehmen als auch in den Köpfen der Kunden. Es geht darum, dass man mehrere aufeinander abge-stimmte Marken mit einer klaren Zielsetzung im Portfolio hat.

Die oberste Zielsetzung dahinter

Wann immer ein Unternehmen über ein Mehr-Marken-System für die Zu-kunft nachdenkt, sollte das oberste Ziel dahinter einmal „Marktdominanz" lauten. Es geht darum, dass man, wie auch schon oben kurz erwähnt, mit mehreren Marken einen spezifisch ausgewählten Markt mental und tatsäch-lich dominiert. Dazu sollte jede Marke auch ihre genau definierte Rolle und damit Position in der Wahrnehmung und im Gedächtnis der Kunden be-kommen.

Die Volkswagen AG hätte es nie geschafft, zu dem globalen Herausforde-rer von Toyota zu werden, wenn man nur auf die Kernmarke VW gesetzt hätte. Das heißt: Die Anziehungskraft der Marke VW alleine hätte dazu global nicht ausgereicht. Aber mit den Automobilmarken VW, Audi, Cupra, Seat, Škoda, Bentley, Bugatti, Lamborghini und Porsche, die verschiedene geographische Märkte und verschiedene Zielgruppen und Segmente verschieden ansprechen, war und ist das sehr wohl möglich. So lag Volkswagen als Konzern gemessen an den weltweiten Absatzzahlen bereits auch vor Toyota. Aktuell hat Toyota wieder die Nase vorne.

Volkswagen versus Stellantis

Aber es geht bei einem Mehr-Marken-System nicht nur darum, dass man in Summe die Nr. 1 wird. Es geht darum, dass vor allem die einzelnen Marken jeweils eine dominante Position erreichen. Für einen Strategen, einen Markenexperten, egal ob aus der Theorie oder der Praxis, einen Analysten, einen Journalisten oder auch einen Studierenden der Betriebswirtschaft macht es sicher Sinn, dass man Konzerne und Mehr-Marken-Systeme in Summe betrachtet.

Die Kunden aber denken nicht in Mehr-Marken-Systemen, sondern vor allem jeweils in den einzelnen Kaufentscheidungen und den jeweils damit verbundenen Marken. So mögen etwa auf den ersten Blick Volkswagen und Stellantis – strategisch gesehen – ähnlich aussehen. Nur aus Sicht der Wahrnehmung und damit auch aus Siegermarken-Perspektive hat aktuell Volkswagen klar das bessere und vor allem auch das stärkere Markensystem.

Das heißt: Isoliert aus Sicht der Umsatzgröße betrachtet, ist Stellantis sicher einmal mit den Marken Abarth, Alfa Romeo, Chrysler, Citroën, Dodge, DS, Fiat, Jeep, Lancia, Maserati, Opel, Peugeot, Ram und Vauxhall ein ganz anderes Schwergewicht als es früher jeweils PSA und Fiat Chrysler alleine waren. Wenn man aber die einzelnen Marken betrachtet, so besitzt Volkswagen – global gesehen – klar die stärkeren Marken, die selbst jeweils einen Führungsanspruch in wichtigen Marktsegmenten stellen. Das gilt speziell für die Kernmarken Porsche, Audi, VW, Škoda und Seat.

Ganz anders sieht das bei Stellantis aus, wo es aus Siegermarken-Sicht nur eine echte globale Perle gibt und das ist Jeep. Im August 2017 schätzte ein Analyst von Morgan Stanley sogar den isolierten Markenwert von Jeep höher ein als den Börsenwert des gesamten damaligen Unternehmens Fiat Chrysler. (Allein diese Schätzung sollte den Verantwortlichen zu denken geben.)

Stellantis ist – so gesehen – mehr „Markenbaustelle" als „Markenzukunft".
Stellantis-Konzernchef Charlos Tavares steht so vor einer doppelt herausfordernden Aufgabe: So muss er einerseits sicherstellen, dass alle 14 Marken bestmöglich für die Zukunft positioniert werden, und zusätzlich muss er andererseits die richtigen Antworten auf den aktuellen Wandel in Richtung Elektromobilität finden.

Die 4 Blickwinkel zum Erfolg

Um ein Mehr-Marken-System bewerten und erfolgreich führen zu können, sollte man es immer aus vier verschiedenen Blickwinkeln oder Perspektiven beurteilen:

Die Kundenperspektive: Diese Perspektive sollte immer der Startpunkt sein. Im Idealfall sollte jede Marke im System eine eigene mentale und tatsächliche Spitzenstellung als Nr. 1 oder als erste Alternative besitzen oder das Potenzial haben, diese Spitzenstellung zu erreichen.

Zudem sollten die Kunden wirklich jede Marke im System einzeln wahrnehmen. Für Mars selbst mag es extrem wichtig sein, dass man bei Schokoriegeln so starke Marken wie Mars, Snickers, Bounty, Twix oder Milky Way besitzt. Für die Kunden sind alleine die jeweilige Marke und deren mentale Position vorrangig. Das heißt: Jede Marke sollte für sich eine eigene Spitzenstellung haben und gleichzeitig sollten aber die Marken in Summe helfen, einen Markt besser zu dominieren als man dies nur mit einer Marke könnte. Deshalb sollten die Marken in einem Mehr-Marken-System verschiedene und nicht ähnliche Namen haben.

Dabei sollte aber das Management doppelt darauf Wert legen, dass man aus Kundensicht nicht überaltert. Das gilt natürlich für die einzelnen Marken, aber es gilt auch für das System in Summe. So kann es aus Kundenperspektive betrachtet sogar Sinn machen, das eigene System nach Marken der Vergangenheit, der Gegenwart und der Zukunft zu unterteilen.

Das gilt vor allem auch in Bereichen, in denen Moden eine große Rolle spielen, wie etwa in der Mode-, der Kosmetikbranche oder auch der Film-, Musik- und Unterhaltungsindustrie. Gleichzeitig sollte das Management darauf achten, dass man die Kunden und folglich auch den Markt nicht mit zu vielen Marken in Summe verwirrt.

Die Wettbewerbsperspektive: Diese spricht klar dafür, dass sich Unternehmen mit ihren Marken auf einen oder wenige ausgewählte Märkte konzentrieren sollten. Denn je mehr Marken, wie etwa Volkswagen, man in nur einem Markt, dem Automobilmarkt hat, desto stärker ist auch die Gesamtposition im Wettbewerb.

Das war sicher auch ein Mitgrund, warum sich Procter aus den Bereichen Fruchtsaftlimonaden und Kartoffelchips zurückgezogen hat. Dort war man nur ein Player unter vielen. Das Gleiche gilt auch für den Unilever-Konzern, der sich bereits 2006 von den europäischen Tiefkühlmarken Birds Eye und Iglo trennte und aktuell über den Verkauf der Eiscremesparte mit Marken wie Langnese und Ben & Jerry's nachdenkt.

Damit sollte man auch immer zwei Perspektiven im Auge haben: Auf der einen Seite sollte jedes Markensystem aktiv selbst die Standards im Markt setzen. Das gilt für jede einzelne Marke und für das System in Summe. Auf der anderen Seite sollte man aber auch rechtzeitig auf potenzielle Bedrohungen reagieren und dann selbst agieren. Dabei sollte man immer auch den bestehenden und den potenziellen Wettbewerb genau im Auge haben.

Dazu sollten wir uns einmal Gillette, heute „nur" mehr eine Marke von Procter & Gamble, näher ansehen. Über Jahrzehnte setzte Gillette als Unternehmen auf eine perfekte Mehr-Marken-Strategie auf Produktebene, um sich jeweils selbst zu „attackieren". So hatten wir international Produktmarken wie Trec II, Atra, Sensor, Mach 3 oder Fusion, die immer wieder die Standards setzten, egal ob es um den ersten Zwei-Klingen-Rasierer ging, den ersten Zwei-Klingen-Rasierer mit Schwingkopf, den ersten Zwei-Klingen-Rasierer mit Schwingkopf und Sensorstreifen, den ersten Drei-Klingen-Rasierer oder den ersten Fünf-Klingen-Rasierer.

Aber Gillette reagierte auch immer wieder extrem schnell auf Wettbewerber, egal ob mit dem Good News als Antwort auf den Bic Wegwerfrasierer oder mit dem Fusion, dem ersten Fünf-Klingen-Rasierer als Antwort auf den Quattro von Schick bzw. von Wilkinson Sword, den ersten Vier-Klingen-Rasierer. Aber auf die „Direct to consumer"-Anbieter in der Nassrasur wie Dollar Shave Club, Harry's, Billie oder Estrid reagierte man viel zu spät. Hatte früher Gillette immer um die 70 Prozent Marktanteil bei Klingen in den USA, lag dieser 2018 bei nur rund 50 Prozent.

Die Unternehmensperspektive: Dabei geht es einmal um die klassischen Zielsetzungen wie etwa Umsatz, Wachstum, Marktanteil und Gewinn. Aber es geht auch um die Ressourcen, deren Verteilung und natürlich auch um das Know-how und die Kompetenz der Verantwortlichen. So mussten und müssen auch große Konzerne erkennen, dass man trotz aller Potenziale und Ressourcen nicht in jedem Markt dauerhaft erfolgreich bestehen kann.

Aber vor allem geht es hier darum, dass man weder zu wenige noch zu viele Marken hat. Wenn man zu wenige Marken hat, lässt man Markt-, Umsatz- und Gewinnpotenzial ungenutzt liegen. Wenn man zu viele Marken hat, riskiert man, dass man die vorhandenen Ressourcen suboptimal einsetzt und damit natürlich auch klar an Profitabilität verliert.

Interessant dazu ist in der Praxis, dass viele große Unternehmen zu wenige Marken besitzen, die man sich sehr wohl leisten könnte oder vor allem auch leisten sollte, während viele kleinere Unternehmen viel zu viele Marken besitzen, die man sich weder leisten kann noch soll.

Nehmen Sie etwa das Unternehmen Zotter, das mit der gleichnamigen Kernmarke eine enorm starke Premiumschokoladenposition mit dem Fokus „handgeschöpft" besitzt. Wenn man aber die Website von Zotter besucht, findet man nicht nur die Marke Zotter, sondern auch Marken wie Mitzi Blue, Balleros, In-Fusion oder Nashido. Hier stellt sich – strategisch gesehen – klar die Frage, ob es nicht mehr Sinn machen würde, alle Kräfte national und international auf die Marke Zotter und die handgeschöpfte Idee zu fokussieren.

Das Problem dahinter: Große Konzerne überschätzen gerne ihre bestehenden Marken und unterschätzen oft die Marken des Mitbewerbs, vor allem oft auch die „kleinen" Marken von sogenannten Start-ups. Deshalb hat man dann oft zu wenige Marken oder man reagiert zu spät auf neue Marken. Kleinere Unternehmen, die oft auch noch vom Gründer selbst geführt werden, sind oft zu kreativ und damit oft auch zu wenig strategisch unterwegs.

Immer wichtiger wird aber dabei die Mitarbeiter-Perspektive. Diese sollte man speziell bei der Wahl des Konzernnamens berücksichtigen. Generell gibt es dazu zwei Namensmöglichkeiten für Unternehmen, die auf einen Mehr-Marken-Ansatz setzen. (1) Man setzt auf eine Marke aus dem Markensystem, wie dies etwa die Coca-Cola Company, die Volkswagen AG oder auch Heineken N.V. tun. (2) Man setzt auf einen eigenständigen Unternehmensnamen ohne Bezug zu den Marken, wie etwa Alphabet, Procter & Gamble oder Stellantis.

Natürlich gibt es für beide Namensgebungsmöglichkeiten Vor- und Nachteile. Aber aufgrund von zwei Einflussfaktoren werden in Zukunft Mehr-Marken-Systeme gewinnen, die die stärkste Marke im System als Unternehmensnamen nutzen. Der eine Einflussfaktor ist mit Sicherheit der Arbeitsmarkt. Hier haben bekannte Marken als Arbeitgeber einen Imagevorteil. Der zweite ist der Aktienmarkt. Auch hier haben bekannte Marken einen Imagevorteil. Meine persönliche These daher: Würde sich die Beiersdorf AG morgen in Nivea AG umtaufen, würde man einerseits als Arbeitgeber punkten und andererseits würde wahrscheinlich auch der Aktienkurs steigen.

Die Zukunftsperspektive: Speziell diese Perspektive wird für Unternehmen immer wichtiger. Das gilt nicht nur für Märkte, die, wie bereits erwähnt, Moden unterworfen sind, das gilt vor allem auch für immer mehr Märkte, in denen es disruptive Innovationen gibt. Das sind neue Produkte, neue Dienstleistungen oder auch Geschäftsmodelle, die bestehende Produkt- oder Dienstleistungskategorien oder sogar ganze Geschäftsmodelle und damit auch die Zukunft von Unternehmen in Frage stellen.

Genau diese Entwicklung stellt das Management mental vor eine enorme Herausforderung. Nicht nur Kunden denken, leben, fühlen und handeln in ihrer Welt, sondern auch Manager. So denken Manager in ihren Geschäftsmodellen bzw. bewerten die Welt und deren Veränderung aus Sicht des jeweiligen Geschäftsmodells. Allerdings tappen Manager dabei oft unbewusst in zwei letztendlich fatale Denkmuster oder sogar Denkfallen:

(1) Man unterschätzt eine neue Entwicklung und deren Potenzial. Das ist in der Regel die einfachste Art und Weise, auf etwas Neues zu reagieren, denn damit muss man sich eine gewisse Zeit nicht mehr damit beschäftigen. Speziell die eigene Branchenexpertise kann Entscheidern dabei im Wege stehen. Zum Erfolg von Zalando befragt, meinte der ehemalige Otto-Vorstand Rainer Hillebrand in Absatzwirtschaft 4/2019: „Der Vorteil der Zalando-Gründer war vielleicht, dass sie das Versandgeschäft nicht so gut kannten wie wir." Hier haben mutige Start-up-Unternehmen oft den großen Vorteil des „Nicht-Wissens".

(2) Man akzeptiert die neue Entwicklung, aber mit einer fatalen Zusatzbedingung. Diese Zusatzbedingung lautet meist so: Diese neue Idee oder dieses neue Geschäftsmodell ist großartig, wenn sich das Ganze in unser bestehendes Geschäftsmodell nahtlos integrieren lässt. Nur schafft man genau damit dann oft Hybrid-Geschäftsmodelle, die weder Fisch noch Fleisch sind.

Die perfekte Zukunftslösung

Genau hier können Mehr-Marken-Systeme die perfekte Lösung sein, um Gegenwart und Zukunft abzudecken. Das heißt: Man fokussiert die bestehende Marke oder die bestehenden Marken auf das bestehende Geschäftsmodell und schafft gleichzeitig eine neue Marke für das neue Geschäftsmodell.

Natürlich erfordert dies, dass diese neue Marke auch die Chance hat, zuerst mental und dann tatsächlich Kategorie- und Marktführer zu werden. Genau hier lassen viele Unternehmen aber immer wieder Megachancen links liegen, weil man, wie bereits erwähnt, die Macht des eigenen Geschäftsmodells und damit auch der eigenen bestehenden Marke überschätzt und gleichzeitig das Potenzial von einer neuen Marke unterschätzt.

Von Kodak lernen

Kodak war einst nicht nur eine der wertvollsten Marken der Welt, sondern auch der Inbegriff für Fotofilm. Kodak war mental und tatsächlich der globale Marktführer. Aber mit dem Auftauchen der Digitalkamera änderte sich das massiv. Aus einem globalen Vorzeigeunternehmen wurde ein Krisen- und Sanierungskandidat. Kodak wurde von einem Positiv- zu einem Negativbeispiel.

In diesem Kontext kam und kommt immer wieder auch die Kritik auf, dass Kodak viel zu langsam auf diese neue digitale Technologie reagiert habe. Nur – genau das stimmt nicht. Was Kodak wirklich versäumte, war, frühzeitig, nämlich zu Beginn der 1990er Jahre, eine eigene Digitalkamera-Marke zu bauen.

Um besser zu verstehen, worum es wirklich geht, sollten wir einen Blick zurück werfen: Im Jahr 1975 erfand Kodak die Digitalkamera. 1986 lancierte Kodak die erste kommerzielle Digitalkamera der Welt. 1994 brachte man in den USA die erste Digitalkamera unter 1.000 US-Dollar auf den Markt. Kodak war in der Realität Vorreiter, in der Wahrnehmung aber nie.

Der Fehler von Kodak aus Markensicht war, dass man all dies unter der Marke Kodak machte. So wurden diese Kameras – wenn überhaupt – in der Regel nur als weitere Digitalkameras eines Fotofilmexperten wahrgenommen. Viel besser wäre es daher gewesen, wenn man die Digitalkameras unter einer neuen eigenständigen digitalen Marke lanciert hätte. Dann hätte man zwei Marken und zwei Marktführer im Rennen gehabt. (Diese Empfehlung sprachen Al Ries und Jack Trout bereits 1994 aus.)

Von Nokia lernen

Auch Nokia wurde und wird ähnlich wie Kodak immer wieder vorgeworfen, dass man zu spät auf das Smartphone, vor allem auf das iPhone, reagiert hätte. Nur – als Steve Jobs das iPhone 2007 präsentierte, waren die zwei führenden Smartphone-Anbieter Nokia und BlackBerry. So lancierte Nokia bereits am 15. August 1996 den Nokia 9000 Communicator und pries diesen als „Büro im Westentaschenformat" an. 2002 folgt dann das erste Smartphone von BlackBerry.

Aus dieser Perspektive betrachtet kann man auch folgende Aussage von Nokia-Sprecher Kari Tuuti am 1. Oktober 2007 zur Präsentation des ersten iPhone gegenüber dem Nachrichtenmagazin Der Spiegel nachvollziehen: „Apple bestätigt damit nur die Strategie von Nokia, die wir seit Jahren verfolgen. … Wir beobachten ein großes Wachstum in diesem Markt. Ich bin sicher, dass es Platz genug für viele Wettbewerber darin gibt." Und weiter: „Das iPhone ist ein ernstzunehmendes Konkurrenzprodukt. Aber ich bin mir sicher, dass wir der Marktführer bleiben. Im Bereich der Multimedia-Handys, zu denen auch das iPhone gehört, haben wir im vergangenen Jahr fast 40 Millionen Stück verkauft. Unser Marktanteil beträgt hier 50 Prozent, wir sind also unangefochten die Nummer eins." (Auch Kari Tuuti dachte wahrscheinlich im Nokia-Geschäftsmodell.)

Noch interessanter aber ist die Entwicklung der globalen Marktanteile bei Smartphones. So hatte Nokia bei Smartphones als Marktführer laut IDC's Worldwide Mobile Phone Tracker noch 2010 einen globalen Marktanteil von 32,9 Prozent, gefolgt von Research in Motion (BlackBerry) mit 16 Prozent und Apple mit dem iPhone mit 15,6 Prozent. Dann erst folgte Samsung mit 7,5 Prozent. Nur ab 2011 ging es dann bei Samsung und Apple rasant bergauf, während Nokia und BlackBerry rasch in der Bedeutungslosigkeit verschwanden.

Das wahre Problem von Nokia war vor allem ein Wahrnehmungs- und damit ein Markenproblem. Nokia schaffte es nie, dass man als Smartphone-Marke gesehen wurde. Nokia war und ist einfach nur ein Mobiltelefon in der Wahrnehmung und vor allem im Gedächtnis. Das heißt: Nokia konnte die tatsächliche Marktführerschaft bei Smartphones nie in eine mentale Markt-führerschaft übersetzen. Dazu hätte es eine eigenständige neue Marke oder wenigstens Submarke benötigt.

Zudem hätte man wahrscheinlich frühzeitig vom eigenen Betriebssystem Symbian auf das offene Betriebssystem Android wechseln müssen. Dies schaffte dann Samsung mit dem Galaxy, um sich als der Herausforderer gegen-über dem iPhone von Apple zu positionieren. BlackBerry wiederum wurde durch das lange Festhalten an der Tastatur immer als Smartphone einer Art „Vorgängergeneration" gesehen.

Von Alphabet lernen

Die wirklich großen Stärken von Alphabet sind die Marken Google, You-tube und Android. Interessant dabei ist, dass Alphabet beim extrem wichti-gen Cloud-Geschäft im Gegensatz zu Amazon und Microsoft keine eigene Marke gebaut hat. Während Amazon mit AWS und Microsoft mit Azure starke Marken besitzen, hat Google „nur" die Google Cloud. So ist es aus Markensicht auch nicht verwunderlich, dass aktuell AWS mit 33 Prozent Marktanteil und Azure mit 22 Prozent Marktanteil klar vor der Google Cloud mit 10 Prozent liegen.

Speziell aber aus Sicht der KI könnte es für Alphabet und die Kernmarke Google in Zukunft noch spannender werden. Aktuell setzen sowohl Alphabet als auch Microsoft bei ihren Suchmaschinen auf KI-Assistenten. Damit wird aus Markensicht eine herkömmliche Suchmaschine um eine weitere Funk-tion erweitert, bleibt aber im Großen und Ganzen eine herkömmliche Such-maschine. Interessant wird dazu, ob es einmal eine echte KI-basierte Suche oder KI-basierte Suchmaschine geben wird. Sollte dies der Fall werden, würde es für Alphabet sehr wohl Sinn machen, dafür rechtzeitig eine eigene Marke zu schaffen.

Von Media-Markt und Saturn lernen

Die Marken Media-Markt und Saturn waren mit Sicherheit einmal eines der besten Mehr-Marken-Systeme im stationären Handel. Nur genau dieser stationäre Handel hat sich durch das Internet und durch den damit aufkommenden Online-Handel massiv verändert. Dies führte so weit, dass in Österreich Saturn sogar vom Markt genommen wurde. In Deutschland treten jetzt Media-Markt und Saturn im Sinne eines Art „Co-Brandings" gemeinsam auf. (Auch dies könnte ein starkes Indiz dafür sein, dass die Tage der Marke Saturn endgültig gezählt sind.)

Nur – egal, ob man auf Media-Markt und Saturn als zwei getrennte Marken, als zwei gemeinsame Marken im Sinne eines Co-Brandings oder nur mehr auf eine Marke, nämlich Media-Markt setzt, das Hauptproblem bleibt ungelöst: Man besitzt keine starke Online-Marke. Genau diese Rolle hätte jetzt Saturn einnehmen können. Dazu hätte man Österreich, wo die Marke Saturn im Herbst 2020 verschwand, als Testmarkt nutzen können, um dann Saturn generell zur reinen Online-Marke zu machen. Diese Chance wurde vertan.

Deutsche Bank und bp

Spannend ist dabei auch immer wieder, dass Unternehmen rechtzeitig neue Chancen erkennen, aber diese aus Markensicht nicht oder nicht optimal nutzen. Man denke etwa an die Deutsche Bank, die frühzeitig wieder ihre Direktbank Bank 24 aufgab, statt damit wirklich eine starke Online-Marke im Bankwesen zu bauen. So aber machte man frühzeitig den Weg für ING Diba, N26 und Co. frei.

Oder nehmen Sie bp! Bereits 2002 hatte man dort die Vision, sich von einem Erdölkonzern zu einem integrierten Energiekonzern zu wandeln. So wurde aus der Abkürzung BP für British Petroleum die Abkürzung bp für beyond petroleum. Damals war man sogar Europas Nr. 1 in der Solarenergie. Diese Vision war mit Sicherheit vorausschauend, nur hätte man diese Vision nutzen sollen, um damit sofort ein Mehr-Marken-System im integrierten Energiegeschäft zu bauen. So ist heute „beyond petroleum" im Ursprungssinn längst Geschichte und bp wird immer noch als „Ölkonzern" wahrgenommen.

Ein kritischer Zukunftsblick auf Volkswagen

Hier muss auch Volkswagen vorsichtig sein. So ist man in Wolfsburg, wie es aussieht, viel zu sehr auf die Marken der Gegenwart fokussiert. Statt das Mehr-Marken-System – wie man es früher einmal machte – um neue Marken zu ergänzen, dürfte aktuell vor allem die Markenpflege oder sogar die Markenreduktion im Vordergrund stehen. So wurde etwa laut Medienberichten über das Aus von Seat nachgedacht.

Das heißt: Aus Sicht der Gegenwart hat Volkswagen, wie bereits gezeigt, das klar stärkere Markensystem im Vergleich zu Stellantis. Wenn man aber Volkswagen mit der Zukunftsbrille, speziell aus Sicht der Elektromobilität, betrachtet, dann sieht das Ganze etwas anders aus. So steht die Automobilindustrie heute am Scheideweg zwischen traditioneller Antriebstechnik und Elektroantrieb.

Die etablierten westlichen Autokonzerne dürften sich dabei entschieden haben, dass man diese Transformation mit den bestehenden Marken managen und stemmen kann. Genau das macht auch der Volkswagen-Konzern. Statt neue Elektroauto-Marken zu bauen, setzt man nur auf Elektroautomodelle unter den bestehenden Marken. (Man denkt und handelt im eigenen Geschäftsmodell.)

Aber genau dies kann sich auch für Volkswagen einmal furchtbar rächen. So macht es letztendlich einen großen Unterschied, ob ein Auto als echte Elektroautomarke oder nur als Elektroautomodell einer traditionellen Marke wahrgenommen wird. Egal ob man an einen VW ID.3, VW ID.4, VW ID.5 oder VW ID.7 denkt, man denkt maximal immer nur an ein Elektroautomodell von VW. Dasselbe gilt natürlich auch für die Elektroautomodelle der anderen Marken im Konzern.

Dabei hätte Volkswagen – im Gegensatz zu Kodak und Nokia – die perfekte Ausgangsbasis, um das bestehende Markenportfolio um weitere Marken, also in diesem Falle um Elektroautomarken, zu ergänzen. Mit dem Seat-Ableger Cupra machte man einen halben Schritt in diese Richtung. Nur das ist sicher zu wenig. Im Zweifel hätte man sogar beides tun können, nämlich a) bestehende Marken elektrifizieren und b) eine echte neue Elektroautomarke zu bauen. Nur genau das Letztere überlässt man aktuell vor allem Tesla und den Chinesen.

Den sicheren Namensweg wählen

Wenn man das mögliche Potenzial einer neuen Idee oder auch eines neuen Geschäftsfeldes nicht wirklich vorhersagen kann, dann sollte man aus Markensicht die Weichen so stellen, dass man sich nicht frühzeitig die Zukunft selbst verbaut. Dazu macht es Sinn, dass man dieser neuen Idee oder diesem neuen Geschäftsfeld statt einem gängigen Modellnamen eine echte Submarke zugesteht. Diese Submarke sollte als Wortmarke schutzfähig sein und vielleicht sogar einmal auch als alleinstehender Unternehmensname funktionieren.

Nehmen Sie Sony und die PlayStation. Als Sony die erste PlayStation im Dezember 1994 in Japan lancierte, war es die Sony PlayStation. Damit war aus Markensicht Sony die Absendermarke und PlayStation die Submarke für das Produkt und später die Produktlinie. Heute ist die PlayStation sehr viel mehr. So ist die PlayStation heute in der Kundenwahrnehmung nicht mehr eine Spielkonsole von Sony, sondern eine eigenständige starke Marke.

Als Strasser in Oberösterreich die erste Küchenarbeitsplatte einführte, die aus alten recycelten Steinküchenarbeitsplatten hergestellt wird, kreierte man dazu nicht nur einen starken Kategorienamen, sondern auch einen starken Produktmarkennamen. Zusammen ist es dann „Alpinova (Markenname) – die erste Restoning-Küchenarbeitsplatte (Kategoriename)".

Das heißt: Wenn man auf diesen Submarken-Ansatz setzt, hat man alle Optionen offen. Man kann bei mäßigem Erfolg die Submarke einschlafen lassen, man kann weiterhin in Zukunft mit Marke und Submarke auftreten, aber man kann – bei sehr großen Erfolgen – aus der Submarke wirklich eine eigenständige Marke und vielleicht sogar einmal ein eigenständiges Unternehmen machen. Dazu kommt noch: Mit einer Submarke mit echtem Markenpotenzial baut man sich auch echte Werte auf, die man einmal auch verkaufen könnte. So ist ein erfolgreiches Geschäftsfeld sehr viel mehr wert, wenn dieses auch einen starken Markennamen hat.

Was Nivea versäumte

Genau im Jahr 1986 hätte Nivea auf diesen Submarken-Ansatz setzen können, sollen oder aus Markensicht sogar müssen. Damals führte man die Linie „Nivea for Men" ein, um noch gezielter auch die männliche Zielgruppe anzusprechen. So hatte und hat Nivea sicher immer eher einen femininen bzw.

familiären Touch. 2012 wurde dann daraus „Nivea Men", um noch stärker und eigenständiger wahrgenommen zu werden.

Aber genau hier hat es Nivea aus Siegermarken-Sicht wirklich versäumt, eine starke männliche Pflegemarke zu entwickeln, die einen eigenständigen Markencharakter entwickeln hätte können. So aber wird Nivea Men immer nur eine Teilmarke von Nivea sein. Damals war das vielleicht nicht so wichtig, aber im digitalen Hyperwettbewerb von heute – speziell im total überfüllten Pflege- und Kosmetikmarkt – hätte dies ein echtes Markenasset für heute und die Zukunft sein können.

Was Rügenwalder versäumte

Mitte der 1990er Jahr traf man bei Rügenwalder eine mutige, aber aus Markensicht extrem brillante Entscheidung. Man begann mit der Refokussierung der Produktrange in Summe und der damit einhergehenden totalen Fokussierung auf Teewurst. Dazu meinte der damalige Marketing-Geschäftsführer Godo Röben im Jahr 2012 in einer Werbefachzeitschrift: „Über die Jahre haben wir unser Produktangebot von 400 Artikeln auf sechs reduziert und sind trotzdem kontinuierlich gewachsen." So lag der Umsatz dieser Marke Mitte der 1990er Jahre bei rund 70 Millionen Euro. 2012 machte dann die Marke über 170 Millionen Euro Umsatz.

Entscheidend war aber aus Markensicht das, was in der Wahrnehmung und im Gedächtnis der Kunden passierte. Dort „mutierte" Rügenwalder als Marke von einem weiteren Anbieter von Fleisch- und Wurstwaren aller Art zu der Nr.-1-Marke für Teewurst, also von einer schwachen Allerweltsposition zu einer starken Führungsposition.

2014 stieg Rügenwalder dann in den Markt für vegetarische und vegane Fleisch- und Wurstersatzprodukte ein. Am 27. August 2020 hieß es dann im Handelsblatt: „Rügenwalder Mühle: Veggie-Fleisch überholt erstmals klassische Wurst." Gleichzeitig wurde für 2019 auch ein neuer Rekordumsatz von 242 Millionen Euro vermeldet. 2021 war der Gesamtumsatz bereits auf 263 Millionen angestiegen. Aus dieser Perspektive betrachtet war der Einstieg in das Veggie-Segment die Basis für eine wahre Erfolgsgeschichte.

Aber es gibt auch eine andere Perspektive, und das ist die der Kundenwahrnehmung. Früher stand Rügenwalder wie keine andere Marke für Teewurst. Heute besitzt man beide Wahrnehmungen, nämlich Teewurst und Veggie-Fleischersatz. Doch langfristig gesehen steigt so die Gefahr, dass man für nichts mehr steht. So hat man heute laut Website wieder 28 Produkte und der Umsatz der echten Fleisch- und Wurstprodukte macht klar weniger als die Hälfte des Gesamtumsatzes aus. Zudem konnte man am 19. Mai 2023 folgende Headline in der Lebensmittelzeitung lesen: „Fleischalternativen: Rügenwalder und Nestlé verlieren Marktanteile."

Noch schwerwiegender aus Markensicht ist der Umstand, dass es Rügenwalder Mühle versäumt hat, Schritt für Schritt eine zweite starke Marke zu bauen. Wenn man 2014 das vegetarische und vegane Sortiment unter einer Submarke eingeführt hätte, könnte man heute zwei starke Marken besitzen, nämlich Rügenwalder bei Teewurst und eine starke Submarke bei den fleischlosen Produkten. Wichtig dabei wäre nur gewesen, dass die Submarke auch als eigenständige Wortmarke schutzfähig gewesen wäre und dann in der Wahrnehmung der Kunden eigenständig funktioniert hätte. (So aber wurde das Unternehmen kürzlich vom Nahrungsmittelkonzern Pfeifer & Langen übernommen. Vielleicht sind hier jetzt bessere Markenstrategen am Werk.)

Mehr-Marken-Systeme als strategisches Muss

Im Wettbewerb des 20. Jahrhunderts waren Mehr-Marken-Systeme für viele große Konzerne eine strategische Möglichkeit in der Markenführung. Im Wettbewerb des 21. Jahrhunderts sieht das etwas anders aus. Das gilt speziell für Unternehmen in disruptiven Märkten. Für diese werden Mehr-Marken-Systeme ein absolutes Muss, um die Zukunft des Unternehmens sicherzustellen. Das heißt: Je dynamischer und wettbewerbsintensiver der eigene Markt ist, desto mehr sollte oder muss man in mehreren Marken denken.

Nur – das macht die Markenführung alles andere als einfach. Dazu sollte man sich aus Sicht dieses Mehr-Marken-Ansatzes drei zentrale Fragen stellen:

(1) Haben wir aktuell zu viele oder zu wenige Marken? Dabei sollte man so fokussiert wie möglich denken. Es geht darum, einen oder maximal einige wenige Märkte zu dominieren. So macht es in vielen Fällen bei bestehenden Mehr-Marken-Systemen enorm Sinn, zuerst einmal „auszumisten".

(2) Haben unsere verbleibenden Marken eine dominante Spitzenstellung in der Wahrnehmung und im Gedächtnis der Kunden und folglich am Markt

bzw. das Potenzial dazu? Auch dieser Schritt kann noch einmal dazu führen, dass schwache Marken wegfallen.

(3) Ist unser Marken-System wirklich auf Gegenwart und Zukunft ausgerichtet? Genau hier geht es dann darum, dass man potenzielle Lücken schließt. Dazu kann man selbst eine neue Marke mit Spitzenstellungs-Potenzial bauen. Man kann auf den oben erwähnten Submarken-Ansatz setzen oder man kann – im Falle des Falles – auch eine ins Portfolio passende Marke kaufen.

Eines ist aber klar: Man sollte sich weder mit zu vielen Marken in zu vielen Märkten verzetteln, noch zu sehr den bestehenden Marken „huldigen" und damit wichtige Ideen und Geschäftsfelder übersehen und dem Mitbewerb überlassen. Vielmehr sollte man sicherstellen, dass man mit dem eigenen Markensystem den hoffentlich spezifisch ausgewählten Markt heute und morgen dominiert.

Unter diesem Gesichtspunkt sollte man unter Umständen auch bei McDonald's über ein globales Mehr-Marken-System in der Systemgastronomie nachdenken. Dazu könnte man selbst neue Marken bauen oder auch versuchen, bestehende Marken zu kaufen. Aktuell mag McDonald's noch die Marke McDonald's genügen, nur irgendwann wird auch diese Marke endgültig an ihre Wachstumsgrenzen stoßen.

● ●

LEKTION #8

Im 20. Jahrhundert ging es bei Mehr-Marken-Systemen vor allem um Dominanz. Heute geht es immer mehr darum, dass man a) sicherstellt, dass das eigene Unternehmen gesund weiterwächst, und dass man b) mit diesem Ansatz auch aktiv oder reaktiv die Zukunft des eigenen Unternehmens sichert. Das gilt vor allem in disruptiven Märkten.

● ●

Kapitel 9

Denkmuster Decluttering (oder die hohe Kunst der mentalen und tatsächlichen Refokussierung)

Decluttering ist aktuell und ganz speziell im Frühjahr ein heißer Trend im Leben vieler Menschen. Instagram, TikTok und YouTube sind voll von Tipps, Tricks und Anleitungen zum Ordnunghalten und Aussortieren. Aber nicht nur im privaten Leben kann man enorm davon profitieren, auch Markenverantwortliche sollten von Zeit zu Zeit bei ihren Marken „aufräumen", das Profil verbal und visuell überprüfen und im Falle des Falles nachschärfen.

Eines ist klar: Unsere Wirtschaft ist vom „Mehr" getrieben. Das gilt vor allem auch für die Welt der Marken und des Marketings. So geht es in vielen Meetings um immer mehr neue Produkte und Dienstleistungen, immer mehr nationale und internationale Zielgruppen, mehr Vertriebskanäle, mehr Preispunkte und um mehr – vor allem digitale – Kommunikationskanäle und -möglichkeiten. Ein ganz wesentlicher Treiber dazu ist der immer schnellere Wandel unserer Zeit. So sehen sich viele Verantwortliche „gezwungen", mit immer Neuem diesem Wandel zu begegnen.

Das ist natürlich in vielen Fällen absolut notwendig, birgt aber auch Gefahren. Denn genau dieses „Mehr" führt, wenn es sukzessive übertrieben wird, dazu, dass Marken, wie auch bereits erwähnt, durch übertriebene Markendehnung in der Wahrnehmung der Kunden an Profil, Einzigartigkeit und damit letztendlich an Anziehungskraft verlieren. Dann gilt es den eigenen Fokus, die eigene Positionierung verbal und visuell wieder nachzuschärfen und auf den Punkt zu bringen.

Lernen versus Umlernen

Nur genau bei dieser Aufgabe drehen sich viele Unternehmen dann endlos im Kreis. Oft hat man sogar den Eindruck, dass viele Markenverantwortliche eine Art „Marketing-Roulette" spielen, frei nach dem Motto „Neues Marketingspiel – neues Marketingglück". So probiert man es einmal mit einem neuen CMO oder Marketingleiter, dann mit einer neuen Werbeagentur oder einer neuen Social-Media-Agentur und dann natürlich darauf aufbauend mit einem neuen Logo, einem neuen Design und einer neuen großen 360-Grad-Kampagne.

Das Problem dabei, wenn all diese Bemühungen immer und immer wieder nicht den gewünschten Erfolg bringen, liegt nicht im Unternehmen selbst, es liegt auch gar nicht an den Anstrengungen und Ambitionen. Es liegt am Punkt der Entscheidung. Die meisten dieser Rebranding-Maßnahmen scheitern schlicht und einfach an der Wahrnehmung und am Gedächtnis der Kunden. Sie scheitert daran, dass Umlernen nicht nur einen Mehraufwand für die Kunden darstellt, sondern auch schwieriger ist als das Neulernen.

Diese Erfahrungen mussten schon viele machen, die sich eine Sportart, egal ob Golf, Tennis oder Schwimmen, selbst falsch eingelernt haben. Das

Umlernen von Gelerntem ist für uns oder besser für unser Gehirn viel schwieriger als das Neulernen. Genau das gilt auch für die Welt der Marken. So ist Umlernen nicht nur schwieriger, es ist auch ein Mehraufwand, der sich für die meisten nicht wirklich lohnt. (Oder warum sollte man auf einmal neu über eine Marke denken, nur weil die Verantwortlichen sich das wünschen? Die meisten Menschen haben tagtäglich Wichtigeres zu tun.)

Marketing-Roulette bei Opel

Nehmen Sie Opel! Wofür steht die Marke Opel? Was unterscheidet Opel positiv vom Mitbewerb und warum sollte es ausgerechnet unbedingt ein Opel sein? Genau darauf sucht man auch bei Opel immer wieder neue Antworten. Regelmäßig definiert man die Markenwerte neu, startet immer wieder neue Modelloffensiven und natürlich setzt man zudem immer wieder auf neue Slogans und Kampagnen. Was dabei immer wieder fehlt, ist der rote Faden oder besser die eine starke Idee, die Opel wirklich in den Köpfen der Kunden positioniert. Kein Wunder, dass die Kunden von all dem mehr verwirrt als geführt sind.

In den letzten 25 Jahren hatte Opel so verschiedene Markenwerte wie einmal Qualität, Kreativität, Vielseitigkeit, Dynamik und Partnerschaft, dann deutsche Ingenieurskunst, emotionales Design, digitale Vernetzung und gutes Preis-Leistungs-Verhältnis und aktuell, falls ich nicht etwas übersehen habe, deutsch, nahbar und begeisternd. (Wahrscheinlich kennen nicht einmal die meisten Opel-Mitarbeiter und -Mitarbeiterinnen diese Anhäufung an Werten.)

Basierend auf diesen Werten gab es dann noch Werbekampagnen mit Slogans wie etwa „Technik, die begeistert", „Wir haben verstanden", „Bessere Autos für eine bessere Umwelt", „Frisches Denken für bessere Autos", „Entdecke Opel", „Autos zum Leben", „Die Zukunft gehört allen" oder „Geboren in Deutschland. Gebaut für uns alle". Dazu kam dann noch die hochgelobte „Umparken im Kopf"-Kampagne.

In Summe hat man bei Opel so sicher vieles oder besser sogar zu vieles probiert. Nebenbei hat man bei Opel zusätzlich natürlich am Logo gearbeitet. So präsentierte man etwa im Herbst 2020 ein neues Logo, um dieses bereits im Sommer 2023 wieder neu und elektrisch zu überarbeiten. Dazu erklärte

Opel-CEO Florian Huettl: „Unser Blitz ist wichtiger als jemals zuvor. Denn er symbolisiert nicht nur unser Versprechen, Innovationen und Mobilität für alle erschwinglich zu machen, sondern er steht auch für unser Bekenntnis, bis 2028 in Europa zur komplett elektrischen Marke zu werden."

Aber die entscheidende Frage generell und jetzt auch speziell an Sie: Wie oft haben Sie Ihre Meinung über Opel aufgrund dieser Markenwerte, dieser Logo-Veränderungen, dieser diversen Kampagnen und Slogans wirklich in die jeweils gewünschte Richtung geändert? Die wahrscheinlich beste Kampagne dabei aus Sicht der öffentlichen Aufmerksamkeit war mit Sicherheit die „Umparken im Kopf"-Kampagne in der Ära von Tina Müller. Nur leider versäumte es diese Kampagne, einen neuen Parkplatz für Opel im Kopf festzulegen.

Die vertane Chance 2005

Genau dabei vergab das Opel-Management die wahrscheinlich größte Chance um das Jahr 2005. Damals hatte man zwei wirklich erfolgreiche Van-Modelle, nämlich den Zafira und den Meriva. Beide waren aber nicht nur erfolgreich, beide hatten und verkörperten auch die eine Eigenschaft, mit der man Opel hätte neu positionieren können.

Beide waren nämlich speziell bei ihren Fahrern und Fahrerinnen für ihre hohe Flexibilität bekannt. „Mehr Flexibilität. Mehr Auto." hätte zum Markenfokus und damit zur Markenpositionierung von Opel werden können. Man hätte diese Idee sogar im Slogan mit dem Blitz-Logo von Opel im Sinne von „Blitzartig flexibel" verbinden können.

Diese Chance wurde vertan. Das ist aus Markensicht für Opel doppelt schade:

(1) Man bekommt als Marke nicht wirklich oft die Chance, dass bereits bestehende Modelle die Idee für eine Neupositionierung in sich tragen.

(2) Heute ist die Aufgabe für Opel oder besser das Opel-Management noch sehr viel schwieriger, weil man a) einerseits Opel generell immer noch besser und stärker positionieren sollte und weil man b) andererseits mit dem Thema Elektromobilität umgehen muss. Das macht das Ganze nicht leichter, sondern sehr viel schwieriger.

Zwei Königswege, zwei Musterbeispiele

Wenn Sie heute darüber nachdenken, die eigene Marke wieder durch „Aufräumen" aufzupolieren, bieten sich aus Sicht der Wahrnehmung und des Gedächtnisses nur zwei echte Möglichkeiten oder Königswege:

Der erste Königsweg ist, dass man sich im Sinne von „Zurück in die Zukunft" wieder auf eine von den Kunden bereits gelernte Erfolgsposition zurückorientiert. Entscheidend dabei ist, dass diese „alte Erfolgsposition" immer noch relevant ist. Das beste Praxisbeispiel dafür ist Nivea. Jahrzehntelang stand die Marke für Haut- und Haarpflege. Dann wurde die Marke um die Jahrtausendwende mit der Idee „Schönheitspflege" in Richtung Kosmetik gedehnt und letztendlich auch „überdehnt".

Die Financial Times Deutschland schrieb dazu im Dezember 2010: „Pflege-Fall Nivea: Eigentlich war Beiersdorf immer der Streber der Kosmetikbranche. Doch mit ihrer Flaggschiffmarke haben sich die Hamburger gründlich verzettelt. Nun steuern sie gegen – und wollen zurück zu den Wurzeln." So nutzte Beiersdorf brillant das Jubiläumsjahr 2011. In diesem Jahr feierte die Marke Nivea nicht nur 100 Jahre, sondern wurde im Zuge dieses Jubiläums wieder sehr erfolgreich auf das Thema „Pflege" refokussiert.

Ricola könnte aus dieser Perspektive jederzeit wieder zu „Wer hat's erfunden" zurückkehren, um sich auf die damals angestrebte und sehr erfolgreiche Original-Positionierung zu refokussieren. Das Gleiche gilt natürlich auch für Coca-Cola und „The real thing". So war es auf der einen Seite aus Markensicht extrem verwunderlich, dass Audi den Slogan „Vorsprung durch Technik" durch „Future is an attitude" ersetzte. Auf der anderen Seite war es nur logisch, dass man sich jetzt wieder auf „Vorsprung durch Technik" rückbesonnen hat.

Genau diese Gedanken sollte man sich auch bei einer anderen VW-Tochter machen. So sollte man bei Škoda noch einmal überlegen, ob es wirklich klug war, sich vom brillanten Slogan „Simply clever" zu verabschieden. Aber nicht nur verbal kann es Sinn machen, sich auf die Vergangenheit zu refokussieren, sondern auch visuell. Aus dieser Perspektive war es die richtige Idee, dass sich der Möbeldiskonter Möbelix wieder auf den Möbelix-Man visuell refokussiert hat. Das Gleiche gilt auch für Obi und den Biber.

Der zweite Königsweg ist, dass man sich am besten mit einem Leadprodukt oder einer Leaddienstleistung eine neue Erfolgsposition schafft. Diesen Weg sollte man einschlagen, wenn es keine starke Idee mit Zukunft in der eigenen Vergangenheit gibt. Ganz entscheidend dabei ist, dass die Positionierung dieser Leadleistung dann die Kraft hat, die Marke in Summe neu erstrahlen zu lassen. Dazu sollten wir uns Apple als Musterbeispiel noch einmal näher ansehen.

Können Sie sich noch an Apple Mitte der 1990er Jahre erinnern? Damals sah die Zukunft dieser Marke und dieses Unternehmens alles andere als rosig aus. Dazu hieß es etwa auf der Titelseite von BusinessWeek, 5. Februar 1996: „The Fall of An American Icon". Die meisten Unternehmen hätten wahrscheinlich in einer solchen Krisensituation intuitiv auf eine klassische 3-fach-Offensive gesetzt.

Das heißt: Man hätte zeitgleich eine Produkt-, Werbe- und Preisoffensive gestartet, um den Turnaround der Marke zu erzwingen. Ganz anders Steve Jobs. Er fokussierte 2001 alle Kräfte auf den iPod, den ersten MP3-Player mit Harddisc und den brillanten Slogan „1,000 songs in your pocket". Mit dem iPod brachte er Apple nicht nur aus der damaligen Computernische, sondern legte auch die Basis für iTunes, iPhone und iPad und damit auch für den heutigen Erfolg der Marke und des Unternehmens.

Der „iPod" für Nimm 2 war der Lachgummi, der aus einer ausgelutschten Bonbon-Marke einen extrem starken Herausforderer von Haribo machte. Der „iPod" von Alpecin war das Koffeinshampoo, das aus einer angestaubten Altherrenmarke das meistverkaufte Männershampoo Deutschlands machte. Der „iPod" von KTM war die Duke, die diese Marke wieder zum Erstrahlen und später zum Offroad-Weltmarktführer in der Welt der Motorräder machte. Der iPod von BMW war der 1500er in den 1960er Jahren. Er legte die Basis für den Welterfolg dieser Marke.

Vorsicht vor der Marken-Bastelstube

Das heißt: Für viele Marken macht es Sinn, dass man darüber nachdenkt, an strategischen und operativen Stellschrauben zu drehen, um wieder zuerst mental und dann tatsächlich auf Kurs zu kommen. Das gilt speziell dann, wenn die Marke überdehnt wurde, wenn man wichtige Marktentwicklungen übersehen hat oder wenn die Marke auf einmal – speziell von den nachwachsenden Zielgruppen – als „out of touch" wahrgenommen wird.

Nur leider befinden sich auch viele Marken grundlos in einer Art „Marken-Bastelstube". So wird an strategischen und operativen Stellschrauben nur deshalb gedreht, weil es einen neuen CEO gibt, weil es einen neuen CMO oder Marken- oder Marketingverantwortlichen gibt oder weil wieder einmal die Agentur gewechselt wurde. Genau in diesen Fällen besteht aber die Gefahr, dass mehr Schaden als Nutzen zuerst in der Wahrnehmung der Kunden und dann am Markt angerichtet wird.

Von Fielmann lernen

Wenn man an Brille denkt, denken viele automatisch an Fielmann. So war und ist es nicht überraschend, dass man am 21. September 2023 auf Horizont Online folgende Zeilen lesen konnte: „Wenn ein Wort und ein Satzzeichen ausreichen, damit jeder damit sofort eine bestimmte Marke assoziiert, ohne dass diese genannt oder deren Logo gezeigt wird, dann hat man in der Vergangenheit vieles richtig gemacht." Die Rede ist natürlich von Fielmann. Denkt man an Brille, denkt man an Fielmann.

Viel überraschender war das, was man mehr als ein Jahr davor, am 22. Juni 2022 auf Horizont Online lesen konnte. Dort hieß es nämlich: „Lange Zeit war es genug, dass in den TV-Spots Kunden über ihren Einkauf bei Fielmann sprachen. Doch Group-CMO Michael Ahrens hat dem Brillenhändler eine grundsätzlich neue Marketingstrategie verpasst, die den emotionalen Mehrwert einer guten Brille thematisiert."

Die Folge davon war natürlich, dass „Brille: Fielmann." im Werbeabfalleimer landete. Ganz anders sah und sieht es in der Wahrnehmung der Kunden aus. Dort dürfte die damals angekündigte und umgesetzte „Übergangskampagne" so gut wie keinen bleibenden Eindruck hinterlassen haben. (Oder welche Werbung fällt Ihnen zu Fielmann ein?) So war es auch kein Wunder, dass man 2023 bei Fielmann „Brille: Fielmann" wieder aus dem Werbeabfalleimer retour holte.

Aber statt die alte Kampagne wieder aufleben zu lassen, wurde diese in „Deine Brille: Fielmann" weiterentwickelt. Es war und ist sicher eine brillante Entscheidung von Fielmann, dass man sich wieder auf die eigene Marken-

stärke zurückbesinnt. Nur hätte man dabei ruhig auf das Wort „Deine" verzichten können. Es mag zwar persönlicher und sogar kundenorientierter sein,
aber es untergräbt den eigenen Marktführeranspruch. Und das sollte (aus
Markensicht) nicht sein. Das gilt auch speziell für die nachwachsende jüngere
Generation, die nicht mit dem ikonischen „Brille: Fielmann" aufgewachsen
ist und in Zukunft aufwachsen wird.

Was Bahlsen tun sollte

Eine andere Marke, die bereits 2021 vor allem vom visuellen Kurs abgekommen ist, ist Bahlsen. In diesem Jahr präsentierte das Management das komplette
und sehr radikale Redesign der Marke. Dazu erklärte der damalige Unterneh-
menschef Phil Rumbol: „Wir brechen absichtlich die Regeln des Verpackungs-
designs." Allerdings dürften die Folgen dieses Regelbruchs anders als erwartet
ausgefallen sein. Dazu vermeldete 2023 die Lebensmittel Zeitung: „Bahlsen
bringt ein neues Verpackungsdesign auf den Markt. Seit einem Relaunch 2021
kämpft der Süßwarenhersteller mit Rückgängen. Nun soll die erneute Repositionierung der Marke zum Befreiungsschlag werden."

Nur – das ist alles andere als einfach: Denn wenn eine Marke einmal so
richtig vom Kurs abgekommen ist, besteht die Gefahr, dass das Ganze zu
einer Art „endloser Geschichte" wird, bei der eine Repositionierung oder ein
Redesign von der nächsten Repositionierung oder vom nächsten Redesign
abgelöst wird.

Genau hier könnte Bahlsen extrem viel von Tropicana in den USA lernen.
Über Jahrzehnte hob sich die Verpackung dieser Orangensaft-Marke durch
die Orange mit dem Strohhalm perfekt am Point of Sale vom Umfeld ab.
Dann entschied man bei der Mutter PepsiCo, dass man die Marke neu und
moderner positionieren müsse. Mit diesem neuen Ansatz veränderte man
auch das Verpackungsdesign radikal, um zudem ganz auf den Strohhalm zu
verzichten.

Damit verlor man aber nicht nur die visuelle Positionierung und Wieder-
erkennbarkeit, sondern auch die gelernte verbale Positionierung, nämlich,
dass Tropicana nicht aus Konzentrat, sondern aus Direktsaft gemacht wird.
Die Folge: In gerade einmal zwei Monaten fiel der Umsatz um 20 Prozent.
Die weitere Folge: Man sah sich bei Tropicana gezwungen, erneut auf ein

neues Design zu setzen. Nur ignorierte man dabei bewusst das bestehende Design, um das neue Design aus dem Urdesign abzuleiten.

So wurde nicht nur die Marke Tropicana moderner, sondern feierte auch der Strohhalm in der Orange als Key-Visual ein Comeback. Genau diese Vorgehensweise sollte man auch bei Bahlsen wählen. Das heißt: Man sollte das Verpackungsdesign von vor 2021 wählen, um darauf aufbauend – ohne Stilbruch – das neue Design zu entwickeln. Hier haben starke Marken wie Bahlsen einen enormen Vorteil, weil das Design vor 2021 mit Sicherheit noch immer im kollektiven Gedächtnis abgespeichert ist. Zudem könnte man dann alle Kraft auf ein Leadprodukt in der Werbung fokussieren, um das erneute Redesign zu präsentieren. Aber je länger man zuwartet, desto größer ist das Risiko, dass man heute und in Zukunft keinen roten Faden in der Markenführung mehr findet.

Von Milka lernen

Auch bei Milka wird regelmäßig an der Marke herumgebastelt, nur betrifft es hier mehr die verbale als die visuelle Seite der Marke. Über Jahrzehnte hatte Milka mit „Die zarteste Versuchung seit es Schokolade gibt" den perfekten Slogan. Nur ist genau dieser Slogan – aus welchen Gründen auch immer – seit 2011 nur mehr Werbegeschichte.

Und damit begann sich auch das Slogan-Rad bei Milka zu drehen. So wurde nach 38 Jahren aus der zartesten Versuchung „Trau dich zart zu sein". Nur war dieser Slogan psychologisch gesehen doppelt falsch. Einerseits gibt es für die Kunden keinen Mehrwert, warum man den damals neuen Slogan hätte lernen sollen. Andererseits passte er nicht zur mentalen Ausgangssituation von Milka, da man sich bei Milka nichts trauen musste. (Dieser Slogan hätte besser zu einem Newcomer im Schokoladenmarkt oder einer Männerbewegung in der Selbstfindungsphase gepasst.)

So war es auch nicht verwunderlich, dass bereits im Jahr 2016 daraus „Im Herzen zart" wurde. Aber auch dieser Slogan hielt nicht lange. Mittlerweile lautet der Slogan von Milka „Weil Zartes besser schmeckt". Nur – keiner dieser Slogans wird je die Sprachmelodie und damit Markenstärke von „Die zarteste Versuchung seit es Schokolade gibt" erreichen. Denn genau dieser Slogan stellte nicht nur subtil einen starken Marktführer- und Originalanspruch, sondern passte zudem mit dem Wort Versuchung perfekt zu Schokolade.

Trotz dieser Marken-Basteleien muss man dem verantwortlichen Management bei Milka zwei Punkte zugute halten: (1) Man blieb dem Markenfokus „zart" treu. (2) Und noch viel wichtiger: Man blieb der Farbe Lila treu. So wäre es mit Sicherheit – vor allem aus Sicht der visuellen Marktführerschaft am P.O.S. – fatal gewesen, wenn Milka an der Farbe herumgebastelt hätte. Aber auch hier würde es sich sehr empfehlen, wieder auf den guten alten Slogan zu setzen.

A1 und Erste Bank

Interessant aus visueller Sicht sind dazu auch die österreichischen Marken A1 und Erste Bank! So startete die österreichische Mobilfunkmarke A1 mit dem starken Slogan „Die erste Wahl" und der Farbkombination Goldschwarz voll durch. Aber auch hier siegten die Markenbastler über die Markenstrategen. Mit Sicherheit war es keine gute Idee, den Slogan aufzugeben, aber viel schwerwiegender war, dass man 2011 bei der Fusion mit der Telekom Austria den starken visuellen Auftritt, vor allem aber das Logo, veränderte, um in der Markenführung „flexibler" zu werden.

Dazu erklärte der damalige A1-Generaldirektor Hannes Ametsreiter: „A1 neu ist so vielfältig wie das Leben unserer Kunden! Wir gehen auf ihre individuellen Bedürfnisse ein und haben daher auch unser Logo flexibel gestaltet. A1 tritt mit unterschiedlichen Erscheinungsbildern auf, ist aber immer klar als A1 erkennbar." So trat das Logo damals laut Medienberichten in bis zu acht verschiedenen Varianten auf. Nur – genau das führte zu mehr Verwirrung als Führung. Seit 2018 setzt man wieder auf ein klares Erscheinungsbild in Rot-Schwarz. Das Leben der Kunden mag flexibel sein, aber eine starke Marke sollte in einem flexiblen Leben vor allem Halt geben.

Überraschend dazu war und ist aus Markensicht auch, dass die Erste Bank 2023 ihre starke blaue Farbwelt aufgab. Statt mit einem Blau die Marke kumulativ immer und immer wieder aufzuladen und zu stärken, setzt man jetzt auf acht unterschiedliche Farben von Orange über Blau, Türkis bis Violett. Dazu heißt es: „Neuer Markenauftritt der Erste Group ist monochrom, multicolor und digital first." Auch hier wird es spannend, wie lange es dauern wird, bis man wieder die Macht einer starken Farbe erkennen wird, um „digital first" durch „mind first" zu ersetzen.

Die meisten Markenfehler dieser Art passieren aus einer Position der Stärke heraus. Das Fatale daran ist, dass genau diese Position der Stärke dafür sorgt, dass man über einen längeren Zeitraum keine negativen Auswirkungen am Markt, vor allem aber in der Wahrnehmung und im Gedächtnis der Kunden erkennt. Wenn man diese dann zeitversetzt zur Kenntnis nehmen muss, hat man meist schon ein Problem. Das gilt speziell dann, wenn ein cleverer Konkurrent die Situation für sich nutzen konnte.

Hier muss etwa auch A1 als Marktführer vorsichtig sein, dass man die wahrgenommene Marktführerschaft, vor allem visuell, nicht an Magenta verliert. Das würde speziell dann gelten, wenn es Magenta gelingt, diese visuelle Marktführerschaft zu verbalisieren. Dazu könnte Magenta die eigene Farbe als die Farbe Nr. 1 in der Welt der Telekommunikation positionieren. In Österreich könnte man so geschickt den Eindruck erzeugen, dass man wirklich die Nr. 1 in Summe sei.

Was Boss, Douglas und vor allem Reebok versäumten

Verstehen Sie mich nicht falsch! Natürlich sollte man immer darauf achten, dass eine Marke aktuell bleibt. Das kann und sollte bedeuten, dass man regelmäßig den eigenen Auftritt auf den Prüfstand stellt und adaptiert. So gesehen machte es etwa sehr wohl Sinn, dass kürzlich Boss, Douglas und auch Burger King ihren Auftritt, vor allem aber das Logo, zeitgemäß adaptierten.

Was in allen drei Fällen weniger Sinn machte, war, dass man ein gutes Logo aus Markensicht durch kein besseres ersetzte. Denn Modernität alleine ist zu wenig, man sollte vor allem zudem darauf achten, dass die Marke an den wichtigsten Touchpoints stärker wird. Dazu sollten wir uns alle drei Marken aus Designsicht näher ansehen.

Anfang 2022 präsentierte man bei Hugo Boss erstmals nach fast 50 Jahren das neue adaptierte Logo, das laut Medienberichten bei Designexperten sehr gut ankam. Die Kriterien für die durchwegs positiven Beurteilungen des neuen Logos waren unter anderem die neue Einfachheit, die Konzentration auf das Wesentliche und die gute Lesbarkeit.

Was man leider aus Markensicht bei dieser Adaption versäumte, war, ein starkes visuelles Logo einzuführen. Wenn man sich heute in der Welt des Sports bewegt, sieht man in der Regel sofort, wer Adidas, Nike, Puma oder Under Armour trägt. Wenn man sich in der Welt der Business-Anzüge bewegt, sehen so gut wie alle Business-Anzüge aus Markensicht gleich aus.

Übertrieben formuliert könnte man von einer Grau-in-Grau-Welt sprechen. Das heißt: So schön das neue Boss-Logo auch sein mag, hier hätte man bei Hugo Boss wirklich die Chance gehabt, mit dem Redesign auch einen neuen und sehr mutigen Standard zu setzen, um endlich auch die Anzüge mit dem Logo zu markieren.

Ebenfalls zum ersten Mal nach 50 Jahren überarbeitete man bei Douglas in der Ära von Tina Müller im Jahr 2018 das Logo und den Markenauftritt. Nur hätte man hier ruhig ein wenig mutiger sein können, vor allem hätte man auf einen Punkt ganz speziell achten sollen, nämlich auf den, dass die Filialen mehr Sichtbarkeit im Straßenbild erhalten hätten. Das wurde klar versäumt. Was Douglas vielleicht ein wenig trösten mag, ist, dass man dies auch bei Burger King beim letzten Logo-Relaunch zu wenig bedachte. Auch hier schaffte es das neue Retro-Logo nicht, die Sichtbarkeit gegenüber Big Mac in den Straßen zu erhöhen.

Dazu noch ein Beispiel aus der Sportwelt: Sie kennen sicher die bereits erwähnten Logos von Nike, Adidas und Puma und wahrscheinlich auch das von Under Armour. Wie aber sieht das Logo von Reebok aus? Diese Marke hat es in den letzten Jahren sogar zweimal versäumt, einen Logo-Relaunch zu nutzen, um ebenfalls endlich ein starkes Bildlogo zu entwickeln. Oder ist Ihnen aufgefallen, dass das Logo dieser Marke 2014 und 2019 klar verändert wurde? Auch hier wurde die visuelle Positionierung zweimal stark vernachlässigt.

Was s.Oliver und Palmers versäumten

Oder nehmen Sie s.Oliver! Haben Sie Ihre Meinung seit 2021 über diese Marke geändert? Wahrscheinlich nicht. Aber genau in diesem Jahr präsentierte s.Oliver mit „Fashion for Life" einen neuen Slogan, um endlich aus dem Krisenmodus zu kommen. Dazu hieß es damals auf Horizont Online: „Sowohl mit dem Unternehmensumbau als auch dem Relaunch der Marke sollen nun die Voraussetzungen geschaffen werden, in dem schon länger unter Druck stehenden Markt zu bestehen."

Zwei Jahre später, am 26. September 2023, hieß es im Manager-Magazin: „Schlechte Stimmung, hohe Fluktuation, rote Zahlen: Warum der Modekonzern s.Oliver noch tiefer in die Krise rutscht." Am 25. März 2024 vermeldete dann das Handelsblatt: „s.Oliver-CEO Jürgen Otto verlässt das Unternehmen wieder." Was s.Oliver laut diesem Medienbericht nach der Krise immer noch fehlt, sei eine echte Zukunftsstrategie.

Aus Markensicht fehlt vor allem ein erfolgreiches Leadprodukt oder in diesem Fall besser eine erfolgreiche Leadkollektion. Statt zu versuchen, die Marke in Summe zu repositionieren, hätte man alle Marken- und Marketingkräfte auf eine Leadkollektion fokussieren sollen. Basierend darauf hätte man dann die Marke neu erstrahlen lassen können.

Dies sollte man aktuell auch bei Palmers in Österreich bedenken. So startete man im Frühjahr 2024 eine neue Werbe- und vor allem Plakatkampagne. Dazu hieß es in der Tageszeitung Der Standard: „Der Wäschehersteller Palmers hat sich einen Ruck gegeben. Und beschlossen, wieder am Puls der Zeit sein zu wollen. ‚Sexy, not sorry' heißt die neue Botschaft des österreichischen Unternehmens. Sie spielt an auf den unterschwelligen Vorwurf an Frauen, nicht zu genügen, ‚zu groß, zu dick, zu laut, zu leise, zu gewagt' zu sein."

Die Kampagne mag brillant sein und auch versuchen, an die goldenen Zeiten von Palmers in den 1970er, 1980er und 1990er Jahren anzuschließen. Nur ist die mentale Ausgangssituation eine total andere. Damals war Palmers in der Wahrnehmung der Trendsetter und Marktführer. Genau diese Position verstärkten damals die Plakate. Heute kämpft Palmers um ein Comeback und genau deshalb könnten diese Plakate alleine viel zu wenig sein. Auch Palmers würde heute eine Leadkollektion brauchen, die die Marke wieder als Trendsetter positioniert. Aber davon ist aktuell wenig zu sehen.

Ein Leadprodukt für Opel

Damit kommen wir noch einmal zu Opel zurück. Heute ist die Aufgabe einer Neuausrichtung für Opel, wie bereits erwähnt, im Automobilmarkt schwieriger denn je. Genau in so einer Situation kann es enorm Sinn machen, dass man das „mentale Schlachtfeld" verlagert.

Dazu könnte Opel den Fokus auf Nutzfahrzeuge und hier wiederum auf elektrische Nutzfahrzeuge verlagern. Wissen Sie, wer heute die Nr. 1 bei elektrischen Nutzfahrzeugen in Deutschland oder in Europa ist? So positioniert aktuell Opel seine drei Modelle Combo, Vivaro und Movano als „100 Prozent elektrische Möglichmacher".

Keine schlechte Idee! Nur wäre es wahrscheinlich noch sehr viel besser gewesen, sich dabei auf ein neues Modell mit einem neuen elektrischen Namen zu fokussieren, also das iPod-Denken von Steve Jobs auf Opel zu übertragen. So aber besteht die Gefahr, dass diese drei Opel-Modelle nicht als Vorreiter, sondern nur als weitere elektrische Modelle einer weiteren etablierten Marke wahrgenommen werden.

Weiterlernen statt Umlernen

Manchmal kann es sogar gelingen, dass sich eine Marke in Summe ohne Leadprodukt oder Leaddienstleistung von einer gelernten Position zu einer neuen Position mental und tatsächlich weiterbewegt. Dies gelang etwa Dell! So startete Dell als PC-Direktanbieter via Telefon. Mit dem Auftauchen des Internets wurde Dell dann zum weltweit führenden PC-Online-Anbieter.

Ähnliches gelang auch Netflix! 1997 gegründet, startete man als Online-DVD-Verleih. Netflix wurde so zu dem großen Herausforderer von Blockbuster, dem damals führenden stationären Video- und DVD-Verleih in den USA. Als das Internet in Bezug auf die Übertragungsgeschwindigkeit und -menge immer leistungsstärker wurde, verlagerte Netflix das eigene Geschäftsmodell und die eigene Position ab 2007, also 10 Jahre nach der Gründung, erfolgreich in Richtung Video-Streaming. Heute ist Netflix die weltweit wertvollste und führende Video-Streaming-Marke.

Oder nehmen Sie Happy Foto in Österreich! In der Ära der analogen Fotografie war Happy Foto der führende Direktanbieter für Fotoausarbeitungen in Österreich. Mit dem Niedergang der Filmfotografie und dem Aufstieg der Digitalfotografie wandelte man sich frühzeitig und auch sehr erfolgreich in Österreichs Nr. 1 bei Fotobüchern. Heute ist diese Position in Österreich klar von Happy Foto besetzt.

Zwei notwendige Voraussetzungen

Damit diese Art der mentalen Weiterentwicklung oder Transformation gelingen kann, sind zwei Voraussetzungen notwendig: (1) Die Weiterentwicklung muss aus Kundensicht logisch und nachvollziehbar sein. (2) Es darf noch keinen etablierten Mitbewerber geben. Wahrscheinlich wäre es für die Kunden auch logisch gewesen, wenn sich Nokia vom Mobiltelefon zum Smartphone weiterentwickelt hätte. Hier war nur das große Problem aus Sicht von Nokia, dass es bereits mit BlackBerry, dann iPhone und später Samsung Galaxy drei starke Marken in der Wahrnehmung der Kunden gab.

So gesehen steht auch die aktuelle Repositionierung von Xing unter keinem guten Markenstern. Dazu hieß es am 8. Januar 2024 auf Horizont Online: „Xing hat in diesem Jahr wahnsinnig viel vor. Die Plattform aus dem Hamburger New-Work-Konzern, die hierzulande als Business-Network groß wurde und bereits im vergangenen Jahr erste Schritte hin zu einer Neupositionierung unternahm, konzentriert sich künftig voll und ganz auf das Thema Jobs. Damit einher geht eine Kommunikationsoffensive mitsamt neuem Markenauftritt." Der neue abgewandelte Markenclaim lautet dazu: „Zeit für eine neue Art der Job-Suche. Mach Dein Xing."

Mit dieser Neuausrichtung begibt sich Xing in ein hochkompetitives Geschäftsumfeld. So gibt es laut Haufe.de alleine in Deutschland über 1.600 Jobportale. Genau damit aber steigt für Xing enorm die Gefahr, dass man bei der Jobsuche nicht als „das erste Job-Netzwerk", wie man es gerne hätte, sondern nur als weiterer Jobportal-Anbieter unter vielen wahrgenommen wird. Nur dann hätte man aus Markensicht eine noch viel schlechtere Position als heute.

Ähnlich schwierig könnte es für Firefox in der Welt der Browser werden. Lag der Marktanteil dieser Marke 2009 noch bei über 30 Prozent, liegt er heute unter 10 Prozent, und mit der KI-basierten Suche, die vor allem von Google und Bing vorangetrieben wird, könnte das Leben von Firefox noch härter und weniger aussichtsreich werden. Dazu hieß es im Oktober 2023 im Handelsblatt: „Firefox-Entwickler Mozilla kämpft gegen den Bedeutungsverlust: Der Marktanteil des Browsers schwindet seit Jahren. Die langjährige Chefin Mitchell Baker setzt auf neue KI-Anwendungen – und hofft im scharfen Wettbewerb auf die Hilfe der Aufseher."

Radikaler Design- oder Farbwechsel
Manchmal aber kann ein radikaler Designwechsel sehr gut gelingen. Können Sie sich noch erinnern, welches Markendesign die Teamsportmarke ERIMA

früher hatte? Wahrscheinlich nicht! Genau deshalb funktionierte der Farbwechsel auf das aktuelle Grün so gut. So wurde die schwarz-rote Farbkombination, die seit 1996 das Logo geprägt hatte, 2008 radikal in den neuen grünen Auftritt verändert. Ähnliches machte die VKB (Volkskreditbank) kürzlich in Österreich. Hier wechselte man von Blau auf Grün.

Das funktionierte deshalb in beiden Fällen so gut, weil die Vorgängerfarbe viel zu schwach war, um wirklich einen starken Eindruck in der Wahrnehmung und im Gedächtnis der Kunden zu hinterlassen. Oder nehmen Sie R+ Meditransport in Niedersachsen! Deren wichtigster visueller Touchpoint sind natürlich die vielen Autos auf der Straße. Nur sahen diese früher auf den ersten Blick wie Rettungsautos des Roten Kreuzes aus.

Damit machte man – wie viele andere Rettungsorganisationen auch – mehr Werbung für das Rote Kreuz als für die eigene Marke. Mit dem neuen Redesign hat man dies nicht nur klar verändert, sondern basierend darauf das gesamte Marken- und Unternehmensdesign entwickelt. Heute unterstreicht und verstärkt das Design klar den Marktführeranspruch des Unternehmens.

Das heißt aber auch: Je schwächer die aktuelle verbale oder visuelle Positionierung ist, desto einfacher ist eine verbale oder visuelle Repositionierung. Genau aus diesem Grund fällt auch das neue Verpackungsdesign von Meßmer Tee sehr viel mehr auf als das alte. (Oder können Sie sich noch erinnern, wie dieses früher aussah?)

Die logische Slogan-Weiterentwicklung

Was so gut wie immer funktioniert, ist, wenn ein Herausforderer zum Marktführer aufsteigt und dann vom gelernten Herausforderer-Slogan auf einen Marktführer-Slogan umsteigt. Genau das machte etwa Dr. Best! „Die klügere Zahnbürste gibt nach" war der perfekte Slogan, um die Welt der starren Zahnbürsten herauszufordern. Dies machte man so erfolgreich, dass man heute mit der Idee „nachgebend" selbst die meistverkaufte Handzahnbürsten-Marke ist. Jetzt macht natürlich der Slogan „Deutschlands Zahnbürsten-Marke Nr. 1" absolut Sinn, um diese Marktführerschaft heute und in Zukunft zu festigen und auszubauen.

Wem dies in der Welt der Musik gelang, war Elvis Presley. Als er in den 1950er Jahren das amerikanische Establishment mit seiner Musik und vor allem mit seinem Hüftschwung herausforderte, war „Elvis, the pelvis" die perfekte Positionierung und der perfekte Slogan. Durch den Reim half dieser Slogan mit, die Marke Elvis Presley eindeutig oder besser (im damaligen Gesellschaftskontext) zweideutig zu positionieren. Später als er zum allseits anerkannten Entertainer aufstieg, war „Elvis Presley – The King of Rock'n'Roll" die bessere Positionierung und auch der bessere Slogan.

Das Ende des großen Werbetraums

Nur von einem großen Traum sollte man sich endgültig verabschieden, nämlich, dass die eine große kreative und emotionale Werbekampagne oder oft sogar der eine große kreative und emotionale Werbespot die eigene Marke über Nacht wieder erfolgreich macht. In diesem Kontext wird dann oft auch von Spots gesprochen, die ganz großes Kino seien. Dazu sollten wir uns drei dieser Spots noch einmal ins Gedächtnis rufen:

2017 hieß es in einer deutschen Frauenzeitschrift: „Anna und ihr Papa – über dieses Video spricht ganz Deutschland". Dabei ging es um den Saturn-Werbespot, in dem Anna ihrem dementen Vater im Pflegeheim eine Virtual-Reality-Brille aufsetzt, damit ihr Vater noch einmal Szenen aus der Vergangenheit erleben kann. Das war mit Sicherheit emotional und bewegend, aber ohne echte Langfristwirkung für die Marke Saturn selbst.

Im Sommer 2018 wiederum war dann sicher ein absolutes Werbehighlight der Spot der Deutschen Bank mit Weltumseglerin Laura Dekker. Dazu hieß es: „Die Deutsche Bank bricht mit Weltumseglerin Laura Dekker zu neuen Ufern auf." Damals wurde die „Leistung durch Leidenschaft"-Kampagne durch die „#positiverBeitrag"-Kampagne abgelöst. Nur – den gewünschten Impact dürfte diese bis heute nicht erreicht haben. Aktuell nutzt die Deutsche Bank im Zeitgeist prominent den Hashtag #NutzeDeine-Stimme.

2023 hatte dann Media-Markt Saturn zum Valentinstag mit „Technik ist gut. Im richtigen Moment" wieder einen herausragenden Spot. Dieser war sicher auch ganz großes romantisches Werbekino mit einem Schuss Selbstironie. Nur – zur Positionierung der Marke hat er – langfristig gesehen – genauso wie der bereits oben erwähnte Spot für die Marke wenig getan. (Heute ist Saturn nur mehr ein „Anhängsel" von Media-Markt.)

Nie den mentalen Kontext vergessen

Um das Ganze besser zu verstehen, sollten wir uns eine Werbekampagne aus den USA ansehen, die um die Jahrtausendwende nicht nur extrem bekannt war, sondern es auch in den allgemeinen Sprachgebrauch schaffte. Die Rede ist natürlich von der Budweiser Whassup-Kampagne in den USA. Was die Kampagne aber nicht schaffte, war, den Umsatzrückgang von Budweiser zu stoppen.

Nun aber ein wichtiger Punkt: Hätte man diese Kampagne nicht für das klassische Budweiser, sondern für Bud Light genutzt, dann wäre diese Kampagne doppelt erfolgreich gewesen. Einerseits hätte sie sicher auch für Bud Light den Eingang in den allgemeinen Sprachgebrauch geschafft. Andererseits hätte sie sicher auch den Aufwärtstrend von Bud Light kreativ verstärkt.

Damit sind wir bei einer Beobachtung, die Al Ries und Jack Trout bereits Ende der 1960er Jahre machten, nämlich, dass für einen starken wahrgenommenen Marktführer so gut wie jede Werbung funktioniert, während für eine Marke im unprofilierten Mittelfeld oder im Abwärtstrend so gut wie keine Werbung funktioniert. Das heißt: Unternehmen, die glauben, dass sie aufgrund der aktuellen Situation auf den einen großen kreativen Werbewurf angewiesen sind, sollten stattdessen lieber die eigene Markenstrategie unter spezieller Berücksichtigung von Kundenwahrnehmung und Kundengedächtnis überdenken.

Dies sollte man aktuell vielleicht auch bei Warsteiner tun. So meinte etwa im Frühjahr 2023 der Marketing-Direktor von Warsteiner, Andreas von Grabowiecki, zur damals neuen Kampagne: „Wir verkaufen genau genommen noch nicht einmal Bier. Wir verkaufen Spaß in Flaschen." Und weiter: „Mit dem neuen Spot sagen wir: Warsteiner ist die Tür zur Lebensfreude. Das Symbol dafür ist der Warsteiner-Kühlschrank."

Der neue Warsteiner-Kühlschrank mag vielleicht ein starkes visuelles Symbol sein, aber genau das alleine könnte – ohne klare Positionierung – zu wenig sein. Denn „Gebraut für deine Momente" ist wahrscheinlich viel zu schwach, um damit die Marke zu repositionieren. Der entscheidende Punkt dabei: „Momente" sind als Begriff viel zu groß und damit viel zu breit und unspezifisch, um damit einen echten und spezifischen Eindruck zu hinterlassen.

Nur – genau diese „Größe" lieben viele Markenverantwortliche, übersehen aber dabei, dass man sich so ins mentale Nirwana bei den Kunden begibt. Oder wie lange wird es dauern, bis Kunden bei Momenten an Warsteiner denken? Und bei welchen Momenten sollten Sie an Warsteiner denken? Heißt aber auch: Die Momente-Denkrichtung hätte brillant sein können, wenn man sich à la Knoppers als „Frühstückchen" oder à la Wick Medinait als „Erkältungsmittel nur für die Nacht" für einen speziellen oder spezifischen Leadmoment als Positionierung entschieden hätte.

Auf zur alten oder neuen Ordnung

Entscheidend ist, egal ob man sich auf eine alte Erfolgsidee oder auf eine neue Leadleistung refokussiert und repositioniert, dass man wieder für mehr Ordnung in der Wahrnehmung und im Gedächtnis der Kunden im jeweiligen Kontext sorgt. Für Nivea war es logisch, die „alte Ordnung" wieder aufzugreifen und dann weiterzuentwickeln. Für Alpecin hätte das wenig gebracht. Hier machte es Sinn, mit dem Koffeinshampoo für eine neue Ordnung zu sorgen.

Nehmen Sie aktuell Playmobil! Seit dem Ableben des Gründers Horst Brandstätter dürfte diese Marke klar den roten Faden in der Marken- und auch Unternehmensführung verloren haben. Dazu hieß es im Manager-Magazin: „Playmobil: Die Spielzeugikone versinkt im Chaos." Auch Playmobil braucht jetzt wahrscheinlich nicht nur ein Leadprodukt für die Zukunft, sondern auch ein starkes Management, das dafür sorgt, dass die Marke nach außen und innen auch wieder voll gelebt wird. Das zeigt aber auch klar, dass Markenführung immer auch Chefsache ist und sein sollte.

• •

LEKTION #9

Umlernen ist für uns Menschen schwieriger als Neulernen. Genau das sollte man bei der Markenführung immer im Auge haben. So verschwenden viele Unternehmen enorme Ressourcen, weil man die Kunden mit Veränderungen „zwangsbeglücken" möchte. Besser: Man setzt im Falle des Falles auf die zwei Königswege der Refokussierung und Repositionierung, nämlich entweder „Zurück in die Zukunft" oder „Auf zu neuen Ufern mit einer echten Leadleistung".

• •

Kapitel 10

Denkmuster Zukunft (oder warum Zukunft Gegenwart braucht)

Siegermarken sind kein Selbstzweck. Siegermarken sind vielmehr Wertschöpfungsfaktoren für Unternehmen. Sie haben heute und morgen einen echten und nachhaltigen Wettbewerbsvorsprung in der Wahrnehmung, im Gedächtnis und folglich am Markt, der sich in den Bilanzen positiv widerspiegelt. Deshalb sollte man das Thema Marke immer auch als Konzept der strategischen Unternehmensführung sehen.

Ganz wesentlich dabei – im Sinne einer wertschöpfenden Unternehmensführung – ist, dass starke Marken Pricing-Power besitzen. So zeigte bereits vor über 10 Jahren eine globale Studie von Simon-Kucher, dass es zwei Faktoren sind, die es einem Unternehmen erlauben, höhere Preise am Markt durchzusetzen, nämlich (1) der wahrgenommene Kundennutzen und (2) die Marke. Beide Faktoren spielen sich dabei klar in der Wahrnehmung der Kunden ab.

Diese Wertschöpfungskraft bestätigt auch eine Studie von Biesalski & Company aus dem Jahr 2023: So haben starke B2C-Marken ein Preis-/Mengenpremium von 20,0 %, starke B2B-Marken von 10,4 %. Alleine diese Zahlen sprechen klar dafür, warum man sich in der Unternehmensführung nicht nur mit der sogenannten Realität, sondern vor allem auch mit der Wahrnehmung, dem Gedächtnis und damit der Marke auseinandersetzen sollte.

Die Zukunft im Fokus

Marke ist damit im Sinne der Unternehmensführung nicht nur Gegenwarts-, sondern vor allem auch Zukunftsthema. Dabei geht es aber nicht – etwa im Sinne der Trendforschung – alleine um die generelle Zukunft, es geht um die spezifische Zukunft des eigenen Unternehmens. Es geht darum, den Fokus für die Zukunft zu definieren und nachhaltig in der Wahrnehmung, im Gedächtnis und am Markt zu besetzen.

Dazu sollten wir uns noch einmal BMW in den 1960er Jahren genauer ansehen. Damals war nicht nur diese Marke, sondern das Unternehmen in Summe massiv in der Krise. In dieser Situation entschied der damalige Vertriebsvorstand Paul Hahnemann, dass sich BMW in Zukunft auf „Fahrfreude" fokussieren wird. „Aus Freude am Fahren" wurde so nicht nur zur Markenpositionierung und folglich zum Werbeslogan, sondern zur generellen Marken- und Unternehmensphilosophie.

Hahnemann bekam dafür in der Branche den damals wenig nett gemeinten Spitznamen „Nischenpaule", weil so gut wie niemand daran glaubte, dass BMW in dieser engen Nische überleben könnte. Ganz entscheidend für den damaligen und folglich auch heutigen Erfolg von BMW war aber, dass „Fahrfreude" nicht nur eine Art Vision oder Idee für die Zukunft war, sondern sofort aktiv im Tagesgeschäft mit dem BMW 1500 gelebt wurde. Mit diesem Modell wurde die Idee angreifbar bzw. im wahrsten Sinne des Wortes fahrbar.

Zukunft braucht Gegenwart

Damit sind wir bei einem extrem wichtigen Punkt. Viele Unternehmer und Manager haben heute große Visionen oder sogar Träume. Nur bleiben viele dieser Visionen und Träume für immer nur Visionen und Träume, weil ihnen die mentale und tatsächliche „Erdung" in der Gegenwart fehlt. Interessant dabei ist auch, wie gerne erfolgreiche Gründer, Unternehmer oder auch Manager im Laufe der Zeit ihre eigene Geschichte und damit ihre eigene Erfolgsformel vergessen.

Dazu sollten wir einen Blick auf Facebook oder besser jetzt Meta werfen! Als Mark Zuckerberg vor 20 Jahren Facebook lancierte, baute er die Marke Schritt für Schritt, von Harvard über die Ivy League, die Universitäten bis hin zur breiten Öffentlichkeit. Ganz anders ging er bei Meta vor. Statt Meta ähnlich wie Facebook Schritt für Schritt zu bauen, präsentierte Mark Zuckerberg am 28. Oktober 2021 Meta und das Metaversum nicht nur als die eine große Megavision für die Zukunft, sondern verkündete auch den Namenswechsel des Konzerns von Facebook auf Meta.

Wahrscheinlich wäre es aber strategisch sehr viel klüger gewesen, Meta ebenfalls wie Facebook „klein" zu starten, um dann nach den ersten Erfolgen aus einer Position der Stärke Facebook in Meta umzutaufen. Vor allem aber hätte man damals nicht nur Meta und das Metaversum als große Vision vorstellen sollen, sondern man hätte auch sofort eine Art konkrete Schlüsselanwendung im Hier und Jetzt präsentieren sollen.

Metaversum versus KI

Um besser zu verstehen, was unter einer „konkreten Schlüsselanwendung" gemeint ist, sollten wir einen weiteren Blick zurückwerfen. Vor etwas mehr als einem Jahr standen zwei digitale Megathemen im Raum, nämlich das Metaversum und die KI. Damals hatte das Metaversum in den Medien und vor allem auch bei den Entscheidern im Management und im Marketing einen klaren Vorsprung in der Wahrnehmung.

Dies hatte unter anderem drei Gründe: (1) Mark Zuckerberg taufte bereits im November 2021 den Facebook-Konzern sehr medienwirksam in Meta um. (2) NFTs (Non-Fungible Token) waren ein heißes, wenn auch teilweise sehr spekulatives und auch umstrittenes Thema. (3) Zusätzlich gab es unzählige Studien und Papers von internationalen und nationalen Unternehmensberatungen, die das Metaversum als das eine disruptive Geschäftsmodell und folglich Milliardengeschäft für die Zukunft anpriesen. Damals stand die KI ganz klar im Schatten des Metaversums.

Heute aber steht das Metaversum im Schatten der KI. Der Grund dafür lässt sich auf sieben Buchstaben reduzieren, nämlich auf ChatGPT von OpenAI. Denn damit war die KI auf einmal nicht nur ein Zukunftsthema, sondern hatte eine ganz konkrete Schlüsselanwendung im Hier und Jetzt. Im November 2022 wurde diese Schlüsselanwendung für die Öffentlichkeit freigegeben. Alleine in den ersten fünf Tagen meldeten sich über eine Million Nutzer bei ChatGPT an. Im Januar 2023 stieg die Zahl der Anwender bereits auf über 100 Millionen. Aktuell sind es um die 180 Millionen und die KI ist in Summe als das bestimmende konkrete Megathema nicht mehr wegzudenken.

Abstrakte Zukunft versus konkrete Anwendung

Speziell viele Topmanager und Topmanagerinnen lieben große abstrakte Zukunftsvisionen, die Megamärkte versprechen und die damit ganze Industrien revolutionieren. Nur, wenn man die Geschichte studiert, muss man immer wieder erkennen, wie wichtig ganz konkrete Schlüsselanwendungen im Hier und Jetzt sind.

Nehmen Sie etwa den Personal Computer, der wahrscheinlich die wichtigste Produktinnovation des 20. Jahrhunderts war. Für diesen war die Tabellenkalkulation, vor allem Lotus 1-2-3, die eine Schlüsselanwendung, die den PC zu Beginn der 1980er Jahre in der Geschäftswelt etablierte und so gut wie unverzichtbar machte. Das war die erste echte Basis für den Durchbruch und damit auch für den weiteren globalen Erfolg des PCs.

Was die Tabellenkalkulation für den PC war, war die Pressefotografie für die Digitalkamera. Es war die erste Massenanwendung in der digitalen Fotografie und damit der endgültige Startschuss für immer bessere Digitalkameras mit immer höheren Bildauflösungen. War für die Hobby- und auch die meisten Profifotografen damals zu Beginn der 1990er Jahre die schlechte Bildqualität der meisten Digitalkameras noch ein echtes Kaufhemmnis, überwogen für die Pressefotografen klar die digitalen Vorteile, nämlich, dass man sehr schnell sehr viele Fotos ohne Film machen und diese ohne Entwickeln auch sofort digital übermitteln und weiterverarbeiten konnte.

Oder nehmen Sie den iPod, den der damalige Apple-CEO Steve Jobs 2001 als ersten MP3-Player mit Harddisc und dem Slogan „1,000 songs in your pocket" der Welt präsentierte. Der wahre Durchbruch der digitalen Musikverkäufe und damit des iPods erfolgte erst, als Jobs dann am 28. April 2003 den „iTunes Music Store" vorstellte. Apple bot so als erstes Unternehmen Musik legal zum Download an. Zum Start standen damals „nur" 200.000 Titel zur Verfügung. Aber genau das genügte, um für und mit dem iPod die Basis für das iPhone und damit für den weltweiten Erfolg von Apple zu legen.

Portal versus Suchmaschine

Interessant dazu ist auch die Geschichte von Yahoo! Diese Marke war einst nicht nur laut Interbrand eine der hundert wertvollsten globalen Marken der Welt, sondern zudem auch die weltweit führende Suchmaschine. Nur – diese Idee oder Position war dem Management viel zu klein. Man wollte mehr, nämlich sogar sehr viel mehr. Man wollte das weltweit führende Internetportal werden, also die erste und alleinige Anlaufstelle im World Wide Web.

Die Managementlogik dahinter dürfte so ausgesehen haben: Da der Suchmaschinen-Markt nur ein „kleiner" Teilmarkt eines Portals ist, muss der Portal-Markt in Summe um vieles größer als der Suchmaschinen-Markt sein. Nur aus Kundensicht war die Suchmaschine eine sehr viel konkretere Idee als die abstrakte Portal-Idee. Die Folge: Yahoo! überließ die Suchmaschinen-Idee Google und der Rest ist Geschichte.

Mobilität versus Automobil

Was die Portal-Idee für Yahoo! war, war im letzten Jahrzehnt für die etablierte Autoindustrie die Mobilitäts-Idee. So verkündete so gut wie jeder große Automobilkonzern, dass er sich zum Mobilitätskonzern wandeln möchte. Allerdings ist diese Idee nicht nur technologisch so gut wie unumsetzbar, sie widerspricht auch klar der Kundenwahrnehmung.

Menschen denken nicht in genereller Mobilität, sondern in konkreten Mobilitätsanwendungen, wie:

Auto	… VW
Premiumauto	… Mercedes, BMW oder Audi
Sportwagen	… Porsche
Günstiges Auto	… Škoda, Hyundai oder Kia
Billiges Auto	… Dacia
Elektroauto	… Tesla
Mietwagen	… Sixt
Mitfahrdienst	… Uber
Carsharing	… Car2go oder DriveNow (jetzt Share Now)
Taxi	… Free Now (früher Mytaxi)
Fernbus	… Flixbus
Bahn	… Deutsche Bahn oder ÖBB
Flugreise	… Ryanair
Laufschuh	… Asics oder On

So hieß es dann etwa am 17. Dezember 2019 auf Zeit Online über den neuen BMW-Chef Oliver Zipse: „Zukunft war gestern: Elektromotor, Carsharing, Verkehrswende? Der neue BMW-Chef sieht in seinem Unternehmen vor allem eins: Einen klassischen Autobauer."

Tina Müllers großer Beautytraum
Oder denken Sie an Douglas! So träumte die damalige Douglas-Chefin Tina Müller davon, dass Douglas einmal die erste Adresse in allen Schönheits- und Beautyfragen sein wird. Dazu hieß es im Manager-Magazin im Juni 2019: „Aus Douglas soll eine Beautyplattform werden, auf der sich ein Termin beim Frisör buchen, eine Masseurin nach Hause bestellen und die Handtasche zum Abendkleid finden lässt."

Nur ist auch dieser Traum unter dem neuen Douglas-Chef Sander van der Laan längst ausgeträumt. So hieß es im Manager-Magazin (Februar 2023): „Codename Reshape: … Der neue Chef kürzt im Digitalgeschäft und hadert mit der Apothekentochter."

Auch bei Douglas steht so wieder das Kerngeschäft im Mittelpunkt. Dazu erklärte der neue CEO: „Wir haben mit dem Ende der Pandemie und der Lockdowns eine beeindruckende Rückkehr unseres Filialgeschäfts erlebt und sehen zugleich eine anhaltend starke Entwicklung im Onlinehandel. … Beide Kanäle leben von unserer starken Unternehmensmarke und unseren attraktiven Sortimenten." Keine Rede mehr von erste Ansprechadresse in allen Beauty-Fragen.

Air Berlins großer Traum

Interessant dazu ist oder besser war auch Air Berlin und der Traum einer allumfassenden Hybrid-Airline. Dazu hieß es etwa auf Absatzwirtschaft: „Der als ‚Hybrid-Strategie' bezeichnete anvisierte Spagat bestand darin, als Airline sowohl Charterdienste als Veranstalter als auch Individualdienste für Privat- und Geschäftskunden zu leisten." Der allumfassende Claim dazu lautete: „Your Airline."

2013 erklärte dazu der damalige CCO von Air Berlin: „Air Berlin ist die Airline für alle – dies müssen wir für den einzelnen Kunden maßgeschneidert rüberbringen. Urlauber brauchen eine andere Ansprache als Geschäftsreisende, für die beispielsweise Gepäckregelungen weniger wichtiger sind. Wir haben unterschiedliche Ziel- und Interessengruppen, das können allein reisende Kinder, Senioren oder auch Special-Interest-Gruppen sein." In der Theorie mag das alles funktioniert haben, nur nicht in der Praxis. Auch hier ist der hybride Traum im harten Wettbewerb gegen klassische Airlines und Diskontairlines längst ausgeträumt.

Papier versus Wahrnehmung

Auf dem Managementpapier sehen diese großen, abstrakten Zukunftsideen immer beeindruckend aus. Sie versprechen, dass Unternehmen nicht nur einen spezifischen Markt, sondern ganze Märkte in Summe global dominieren können. Zudem wirken diese Ideen oft im Konferenzraum so beeindruckend, dass es niemand wagt, dagegen seine Stimme zu erheben.

Nur sieht es in der Kundenwahrnehmung meist anders aus. So sind zwar oft auch Kunden durch die Medienberichte von diesen großen Ideen angetan, wenn es aber um die konkreten Kaufentscheidungen geht, sieht es meist anders aus. Dort schlägt in der Regel die konkrete, oft auch kleine Idee die abstrakte, oft auch übergroße Idee.

Meta versus TikTok

Noch einmal erschwerend kommt hinzu, dass Verantwortliche, die großen Zukunftsvisionen hinterherjagen, oft Ideen der Gegenwart unterschätzen oder sogar einfach übersehen. Während Mark Zuckerberg mit Meta von der großen Metaversum-Vision träumte und träumt, hat die dagegen kleine Idee TikTok die Welt der sozialen Medien und damit auch die Welt von Facebook, Instagram und WhatsApp nachhaltig verändert.

Das Problem dahinter: Je größer und breiter das eigene Unternehmen ist, desto größer ist in der Regel nicht nur die Anzahl der bestehenden und potenziellen Mitbewerber, sondern desto größer ist auch die Gefahr, dass man Ideen übersieht oder geringschätzt, die perfekt zum eigenen Kerngeschäft gepasst hätten. So gesehen wird man sich wahrscheinlich heute noch bei Sony ärgern, dass man den iPod und damit den logischen Nachfolger des Walkman „übersehen" hat.

Manchmal kann dieses Übersehen oder sogar Geringschätzen das Ende des eigenen Unternehmens einläuten. Das passierte, wie Al Ries immer und immer wieder gerne erzählte, als Ken Olsen zu Beginn der 1980er Jahre als CEO von Digital Equipment gegen den Ratschlag von Al entschied, keinen Business-PC vor IBM auf den Markt zu bringen. Dabei hätte aus Markensicht der Business-PC sehr viel besser zu Digital Equipment als zu IBM gepasst.

Die Siegermarken-Perspektive

Verstehen Sie mich nicht falsch! Natürlich spricht nichts gegen große Visionen. Nur sollte man dabei immer bedenken, dass große Visionen einen konkreten Start im Heute, also im Hier und Jetzt brauchen. Elon Musk hatte und hat eine große Vision mit Tesla, die er bereits 2006 in seinem Masterplan für die Elektromobilität formulierte: „1. Einen Sportwagen bauen. 2. Den Erlös nutzen, ein erschwingliches Auto zu bauen. 3. Den Erlös daraus nutzen, um ein noch erschwinglicheres Auto zu bauen. 4. Gleichzeitig auch emissionsfreie Stromerzeugungsmöglichkeiten anbieten." Nur hatte er nicht nur eine große Vision und einen großen Masterplan, er hatte speziell auch mit dem Model S ein ganz konkretes Angebot mit damals weit überlegener Reichweite.

Wahrscheinlich hatte auch der frühere VW-Vorstandsvorsitzende Herbert Diess eine große Vision mit der hauseigenen Software-Marke CARIAD, um den Volkswagen-Konzern für die Mobilitätswende fit zu machen. Nur – während Musk seine Vision vor allem mit dem Model S frühzeitig auf die Räder brachte, dürfte es sich bei CARIAD mehr um eine Art „Großbaustelle ohne Ende" handeln. (Was Diess im Nachhinein beruhigen mag, ist, dass auch die anderen großen westlichen Automobilkonzerne es bis heute nicht schafften, allumfassende Mobilitätskonzerne zu werden.)

Aber auch Elon Musk muss mit Tesla und seiner großen Vision vorsichtig sein. Speziell der dritte Punkt („Den Erlös daraus nutzen, um ein noch erschwinglicheres Auto zu bauen") könnte dazu führen, dass er die Marke Tesla nach unten überdehnt. Dies kann langfristig nur funktionieren, wenn er ein Mehr-Marken-System rund um die Marke Tesla bauen würde.

Der Vorteil vieler Start-up-Unternehmer

Damit kommen wir zu einem oder zu dem wesentlichen Punkt in Bezug auf Visionen: Im Gegensatz zu großen Konzernen und damit zu großen Konzerndenkern haben viele Start-up-Gründer oft nicht nur eine große Vision vor Augen, sondern zudem auch ein konkretes Problem im Hier und Jetzt, das man mit dem eigenen Angebot und der eigenen Marke lösen möchte.

Wenn Thomas Moser und Martin Öller nicht selbst gerade Haus gebaut hätten, würde es wahrscheinlich Loxone als Unternehmen und Marke nicht in dieser Form geben.

Wenn Robin Redelfs und Thomas Kley als Sportler kein „Ernährungsproblem" gehabt hätten, würde es heute wahrscheinlich Löwenanteil als Unternehmen und Marke nicht in dieser Form geben.

Wenn David Allemann, Olivier Bernhard und Caspar Coppetti kein Laufschuh-Problem gehabt hätten, würde es heute wahrscheinlich On als Unternehmen und Marke nicht in dieser Form geben.

Gleichzeitig ergibt sich daraus oft eine spannende Gründungsgeschichte im Sinne von „Vom Tellerwäscher zum Millionär", die dann auch einen wesentlichen Beitrag zur Positionierung und zum Erfolg darstellt. Das gilt natürlich genauso für B2B-Unternehmen! Nehmen Sie etwa den Hidden Champion Delacon. Dieses Unternehmen, gegründet 1988, ist heute Weltmarktführer bei pflanzlichen Tierfuttermittelzusätzen.

Nur – zu Beginn sah das etwas anders aus. Dazu meinte Markus Dedl, einer der Gründer in einem Interview im Jahr 2015: „Wir waren die Ersten, die sich mit diesem Thema beschäftigt haben; damals hat man uns belächelt und als Kräuterpfarrer [für Tiere] bezeichnet." Auch das ist oft bezeichnend für starke Gründungsideen und Gründungsgeschichten, dass diese am Anfang oft nur belächelt und geringgeschätzt werden. Gleichzeitig ist das auch die große Chance, im Schatten größerer Marktteilnehmer erfolgreich zu wachsen. (Die Coca-Cola Company brauchte 12 Jahre, um das erste Mal auf den Energydrink und Red Bull zu reagieren.)

Decluttering für Start-ups

Aber auch viele Start-ups starten „zu breit" und brauchen dann eine Verengung des Fokus, um wirklich richtig durchzustarten. Was diese Start-ups etwas beruhigen mag, ist, dass es auch großen Fastfood-Marken wie McDonald's, Subway, Little Caesars oder Papa John's Pizza so erging.

Nehmen Sie McDonald's! 1940 eröffneten die Brüder Richard und Maurice McDonald ein Restaurant mit dem Namen McDonald's Bar-B-Q in San Bernardino, Kalifornien. Damals hatte man 25 Speisen auf der Karte. Acht Jahre später erkannten die beiden Brüder, dass Hamburger die ertragsstärksten Produkte waren. Also schlossen sie ihr Restaurant und eröffneten es neu.

Diesmal hatten sie nur mehr drei Speisen, nämlich Hamburger, Cheeseburger und Pommes Frites, auf der Speisekarte. In Summe mit Getränken und Eiscreme waren so 11 Speisen und Getränke im Angebot. Gleichzeitig stellten sie auf Selbstbedienung um. 1961 kaufte Ray Kroc den Brüdern McDonald's ab, um dann massiv die nationale und internationale Expansion voranzutreiben. Aber der entscheidende Schritt zum Erfolg war die Konzentration auf Hamburger und Selbstbedienung im Jahr 1948.

Als Domino's Pizza erstmals seine Pforten öffnete, verkaufte man Pizza und Submarine Sandwiches. Als Little Caesars in den USA startete, verkaufte man Pizza, frittierte Shrimps, Fish,n'Chips und gegrillte Hühnchen. Als Papa John's in den Restaurantmarkt einstieg, verkaufte man Pizza, Submarine Sandwiches, frittierte Champignons, frittierte Zuccini, Salate und Zwiebelringe. Den Durchbruch schafften alle drei Pizzaketten nicht durch Erweiterung des Angebots, sondern durch Refokussierung: Domino's Pizza fokussierte auf Pizza-Zustellung, Little Caesar's auf „zwei große Pizzen zum Preis von einer" und Papa John's auf Pizzen mit dem Claim „Bessere Zutaten. Bessere Pizza".

Genau wie diese Fastfood-Ketten sollten auch viele Start-ups frühzeitig überlegen, ob eine Fokusverengung letztendlich nicht zu einer stärkeren Position in der Wahrnehmung der Kunden und dann am Markt führt. Dabei sollte man aber nicht nur an die Produkte und Dienstleistungen denken, sondern vor allem auch an die angestrebten Zielgruppen und Vertriebswege.

In diesem Zusammenhang sollten wir uns noch einmal ins Gedächtnis rufen, dass Start-ups in der Regel nicht am zu kleinen Markt scheitern, sondern am zu großen Markt, in dem man einfach sang- und klanglos untergeht. Dazu kommt noch: Sollte man doch zu eng starten, ist es relativ einfach, die Marke zu öffnen und breiter aufzustellen. Sollte man aber von Anfang zu breit starten, ist es sehr viel schwieriger, sich zu refokussieren.

Die Zukunft im Hier und Jetzt starten

Wenn man zurückblickend die wirklich großen Markenerfolge studiert, dann haben große Visionen dabei immer wieder eine enorme Rolle gespielt. Entscheidend für den Durchbruch und damit für die Basis zum Marken- und Unternehmenserfolg waren aber immer ganz konkrete Ideen, die im Idealfall neue Kategorien in den Köpfen der Kunden und dann am Markt etablierten.

Egal, ob Amazon als erste Internetbuchhandlung, Nike als erster Sportschuh mit Waffelsohle oder Red Bull als erster Energydrink, am Beginn einer großen Erfolgsstory findet man in der Regel zuerst eine kleine erste Idee, die vielleicht am Anfang sogar von vielen maximal „nur belächelt" wird. Aber genau diese Art von erster „kleiner" Idee, die perfekt zum mentalen Kontext passt, ist die Basis für echte Siegermarken. Fazit: Es spricht natürlich nichts gegen große Visionen, aber diese sollten immer mit einer konkreten ersten Idee, die im Idealfall eine neue Kategorie schafft, im Hier und Jetzt starten.

• •

LEKTION #10

Große Visionen können einen enormen Beitrag zum langfristigen Erfolg einer Marke und eines Unternehmens darstellen. Nur sollte man dabei immer darauf achten, dass diese großen Visionen auch ganz konkret im Hier und Jetzt mental und tatsächlich verhaftet sind. Dabei sollte man immer im Kopf haben, dass sich die wirklich starken Marken vom konkreten Kleinen zum emotionalen Großen bewegen.

• •

It's a Mind Game oder vom Siegermarken-Konzept zum Markensieger

Wenn Sie dieses Buch angeregt hat, über Ihre Marke oder Ihr Markensystem aus Siegermarken-Sicht nachzudenken, dann sollten Sie diesen Denkprozess in der Wahrnehmung und im Gedächtnis der Kunden starten. Denn nur dort wird entschieden, was, wann, wo und wie oft gekauft wird. Nirgendwo sonst! Genau das ist ein Punkt, der immer noch gerne übersehen wird, weil man den Ort, an dem man sich befindet oder den man nutzt, mit dem Ort verwechselt, wo wirklich die Entscheidung getroffen wird.

Wenn Sie sich heute in einer Einkaufsstraße aufhalten und sich für ein bestimmtes Geschäft entscheiden, dann fällt diese Entscheidung nicht in der Einkaufsstraße, sondern in Ihrem Kopf. Das Gleiche gilt, wenn Sie sich via Smartphone entscheiden, bei Amazon und nicht bei Zalando, Shein oder Temu einzukaufen. Die Entscheidung wird nicht in einem digitalen Medium, sondern nur in Ihrem Kopf getroffen. (So bin ich auch immer wieder verblüfft, wenn ich lesen oder hören muss, dass das Prinzip Marke in der digitalen Welt anders funktioniert als in der analogen Welt.)

(1) Den Punkt der Entscheidung verstehen

Wenn man über die eigene Marke aus Siegermarken-Sicht nachdenkt, sollte man nie, wirklich nie mit der eigenen Marke isoliert starten. Vielmehr geht es darum, dass man den mentalen Kontext versteht, in dem sich die eigene Marke bewegt. Dazu sollte man speziell drei Punkte im Auge haben:

1. Die mentale Marktordnung: Im ersten Schritt sollte man dazu einmal feststellen, wie geordnet oder auch ungeordnet der Markt aus Sicht der Kundenwahrnehmung ist. Das sollte immer der Ausgangspunkt aller Überlegungen sein und gleichzeitig auch aufzeigen, wie wichtig aktuell die Marke als Denkabkürzung generell bei der jeweiligen Kaufentscheidung ist.

2. Die eigene Position in dieser mentalen Ordnung: Im zweiten Schritt sollte man feststellen, welchen Ordnungs- oder auch Unordnungsbeitrag die eigene Marke aktuell leistet und unter Umständen einmal in Zukunft leisten könnte. Hier geht es vor allem auch darum, dass ein Marktführer anders denken und handeln muss als ein Herausforderer, Mitläufer oder auch ein Neueinsteiger.

3. Den mentalen Bezug zum Leben der Kunden: Im dritten Schritt sollte man dann überlegen, welche potenziellen Bezugspunkte es im Leben der Kunden für die eigene Marke gibt. Extrem viele Marken scheitern, weil man sich in einer Art „geistigem Vakuum" bewegt, ohne je diesen Kontext zum Leben gefunden und genutzt zu haben. Nur darf man sich dann nicht wundern, wenn die Marke beim einen Ohr rein- und beim anderen Ohr wieder rausgeht.

So war es für Dr. Best nicht nur essentiell, dass man mit „nachgebend" eine eigene erste Idee fand, sondern, dass man mit Hilfe des Schlüsselbilds Tomate das Problem des Zufestzudrückens aufzeigte. So gelang es, dass man zuerst die anderen Zahnbürsten als starr und somit gefährlich für Zahnfleisch und Zähne repositionierte, um dann die eigene Marke zu positionieren. Auf diese Weise stellte man einen mentalen und dann tatsächlichen Kontext zum Leben der bestehenden und potenziellen Kunden her.

(2) Das eigene Marken-3-Eck definieren

Basierend auf der mentalen Ausgangsposition sollte man dann das eigene Marken-3-Eck ableiten und entwickeln. Der Startpunkt dabei ist natürlich immer der verbale Fokus und damit die angestrebte verbale Position. So muss, wie oben erwähnt, ein Marktführer anders denken und handeln als ein Nicht-Marktführer.

Entscheidend für den Marktführer ist, dass dieser mit dem Marken-3-Eck die verbale und vor allem auch visuelle Marktführerschaft sicherstellt. Dazu empfiehlt es sich, dass man verbal die eigene Marktführerschaft in der Selbstdarstellung und im Slogan immer auf sympathische Art und Weise mitkommuniziert. Speziell im Slogan oder Claim kann und darf dies auch auf kreative und subtile Art und Weise passieren. Auf alle Fälle sollte man sicherstellen, dass man wirklich visuell stärker als der Mitbewerb wahrgenommen wird. Hier lassen viele Marktführer enormes Potenzial liegen, das im schlimmsten Fall clevere Konkurrenten nutzen.

Für Nicht-Marktführer ist wiederum entscheidend, dass man aus dem mentalen Schatten des Marktführers kommt. Dazu hat man – strategisch gesehen – drei Basismöglichkeiten:

1. Gegenteil: Unser Gehirn liebt Entweder-oder-Entscheidungen. Hier geht es für einen Herausforderer darum, dass er es schafft, wirklich als die eine erste und echte Alternative wahrgenommen und abgespeichert zu werden.

2. Neue Kategorie: Wenn man keine Chance hat, erste Alternative zu werden, dann sollte man versuchen, eine neue Schublade oder Kategorie im Gehirn der Kunden zu (er-)finden und zu besetzen. Dies wird die Schlüsselstrategie zum Markenaufbau und Markenerfolg im 21. Jahrhundert werden.

3. Mentale Nische: Die dritte Alternative ist, dass man eine Nische findet, die man mental erobern und dauerhaft besetzen kann. Zu Beginn ist es oft schwer, den Ansatz der neuen Kategorie vom Nischenansatz zu unterscheiden. Der große Unterschied passiert dann in der Wachstumsstrategie. Der Ansatz der neuen Kategorie hat in der Regel das Potenzial, gegen die Mitte des Marktes zu wachsen. Beim Nischenansatz sollte man unbedingt in der Nische bleiben, um den eigenen mentalen Wettbewerbsvorteil nicht zu verlieren.

Wenn man dann den verbalen Fokus – passend zum mentalen Kontext – festgelegt hat, gilt es diesen mit dem richtigen visuellen Fokus zu verstärken. Das Ziel muss sein, dass wirklich verbaler Fokus, visueller Fokus und Markenname perfekt zusammenspielen, um damit diese eine Spitzenstellung in der Wahrnehmung und im Gedächtnis der Kunden erreichen zu können.

(3) Den Nutzen oder das Nutzenbündel ableiten

Beim Marken-3-Eck geht es vor allem um die eine eigene mentale Spitzenstellung. Basierend darauf sollte man dann den einen Nutzen oder das eine Nutzenbündel mit drei bis maximal sieben Nutzen festlegen. Für viele oder besser sogar für die meisten Marken macht es dabei Sinn, dass man sich auf einen zentralen Nutzen fokussiert. So ist Duracell zum Beispiel die weltweit führende Alkalibatterie und fokussiert auf den Nutzen „Hält entscheidend länger".

Speziell im B2B-Bereich kann ein Nutzen aus Kundensicht zu wenig sein. Das gilt vor allem für Markt- oder Technologieführer. Hier kann es Sinn machen, dass man die eigene Markt- oder Technologieführerschaft mit mehreren Nutzen, im Sinne eines Nutzenbündels, unterstreicht. Damit wird in diesem Fall das Nutzenbündel gleichzeitig auch zum Glaubwürdigkeitsbeweis für die Markt- oder Technologieführerschaft.

(4) Den Marken-Fit intern ableiten und umsetzen

Basierend darauf geht es darum, dass man intern im Unternehmen den Marken-Fit ableitet, also, dass man sicherstellt, dass die Marke wirklich intern gelebt wird. Nehmen Sie etwa BMW. Bei dieser Marke und diesem Unternehmen ist Fahrfreude die eine große Leitlinie, die die Marke und das Unternehmen nachhaltig prägt. Das heißt aber auch: Eine starke Markenidee, ein starker Markenfokus hat immer auch im Sinne einer Richtschnur enorme Innenwirkung. Das heißt: Er sollte wirklich im Tagesgeschäft helfen, die richtigen Entscheidungen zutreffen.

Wenn BMW für Fahrfreude steht, dann wissen die Ingenieure, worauf sie bei der Planung und Konstruktion eines BMWs achten müssen. Wenn BMW für Fahrfreude steht, dann wissen die Designer, worauf sie beim Außen- und Innendesign eines BMWs achten sollten. Wenn BMW für Fahrfreude steht, dann wissen auch Marketing, Vertrieb und Verkauf, mit welchen Themen man in der konkreten Umsetzung punkten kann. Wenn BMW für Fahrfreude steht, dann sollte das Top-Management wissen, worauf man bei der zukünftigen Ausrichtung des Unternehmens achten muss.

So war es sicher eine brillante Idee, dass die BMW-Zentrale, also der BMW-Turm in München am Petuelring, in Form des Vierzylinder-Motors geplant, gebaut und 1973 eröffnet wurde. Interessant ist in diesem Fahrfreude-Kontext auch die Aussage eines früheren Personalchefs von BMW, der meinte, wenn zwei potenzielle Arbeitnehmer gleich qualifiziert sind, dann nimmt er den, der lieber Auto fährt, der also mehr Freude am Fahren hat.

(5) Den Marken-Fit extern ableiten und umsetzen

Aber erst, wenn man intern die Markenbasis geschaffen hat, sollte man dann das Ganze Schritt für Schritt extern in der Kommunikation umsetzen. Dabei sollte man neben der inhaltlichen und der formalen Integration vor allem immer auch auf die zeitliche Integration achten. So braucht unser Gehirn Wiederholung, Wiederholung und Wiederholung. Nur genau diese kumulative Markenwirkung bleibt in vielen Fällen heute auf der Strecke. Das Problem dabei liegt in der Regel im Unternehmen selbst, weil man zu oft unbedingt Neues um des Neuen willen machen will.

Dabei sollte man vielleicht öfter an Red Bull denken. Seit 1987 sieht diese Marke im Großen und Ganzen gleich aus. Trotzdem wirkt diese Marke gleichzeitig aber immer noch frisch und jung. Genau hier liegt die hohe Kunst der Markenführung. Es geht darum, den optimalen Mix aus statischen und dynamischen Elementen zu finden. So liebt unser Gehirn auf der einen Seite Neues und auf der anderen Seite Bestätigung und Wiederholung. Bei Red Bull war mit Sicherheit Dietrich Mateschitz ein wesentlicher Faktor, dass diese Balance zwischen Statik und Dynamik in der Markenführung über drei Jahrzehnte perfekt gefunden und umgesetzt wurde. (Hier wird es sicher aus Markensicht spannend, wie es ohne ihn weitergehen wird.)

(6) Die eigene Marke oder das eigene Markensystem „controllieren"

Controlling ist etwas anderes als nur Kontrolle. Es geht also nicht nur darum, dass man die eigene Marke oder das eigene Markensystem regelmäßig strategisch und operativ auf den Prüfstand stellt. Es geht vor allem auch darum, dass man die eigene Marke und das eigene Markensystem dann auch im Falle des Falles strategisch und operativ adaptiert. Aber auch hier sollte man die eigene Marke und das eigene Markensystem nie isoliert, sondern immer, wirklich immer im mentalen Kontext betrachten.

Das gilt speziell, wenn es um wichtige Innovationen geht. Denn genau hier stellt sich dann die Frage, ob man a) diese Innovation unter der bestehenden Marke im Sinne einer evolutionären Markenführung nutzen sollte, oder ob man b) diese Innovation nutzen kann und sollte, um damit eine neue Marke zu bauen, oder ob man c) diese Innovation als Leadprodukt oder Leaddienstleistung nutzen sollte, um die eigene Marke wieder auf Kurs zu bringen.

Die siamesischen Zwillinge zum Markenerfolg

Markenarbeit ist – wie bereits erwähnt – immer auch Zukunftsarbeit. So geht es nicht nur um das Hier und Jetzt. Es geht immer auch darum, dass man im Hier und Jetzt die richtigen Weichen für die Zukunft stellt. Dabei sollte man immer Ziel und Weg oder die beiden siamesischen Zwillinge zum Markenerfolg im Auge haben. Das sind Positionierung und Fokussierung.

Das Ziel ist eine dominante Position in der Wahrnehmung und im Gedächtnis der Kunden. Das heißt: Der ultimative Punkt der Entscheidung ist in der Wahrnehmung und im Gedächtnis der Kunden. Nur dort wird entschieden, was, wann, wo und wie oft gekauft wird. Und genau dabei kann und sollte die Marke im Sinne einer Siegermarke eine dominante Rolle spielen.

Der Weg dorthin lautet Fokus, Fokus und Fokus. Denn diese eine mentale Position oder Spitzenstellung zu finden, ist nur die eine Erfolgsseite der Medaille. Wenn man diese gefunden hat, sollte man alle Kräfte punktgenau darauf fokussieren. Das ist die andere Erfolgsseite der Medaille. Genau hier scheitern letztendlich viele, weil man sich statt zu fokussieren klar verzettelt.

Der Punkt dahinter: Das Umfeld und vor allem der Mitbewerb sorgen bereits in so gut wie fast allen Märkten mehr als genügend für mentale Unordnung, die die Kunden mehr verwirrt als führt. Die eigene Marke sollte daher im Sinne der Positionierung und des Siegermarken-Konzepts fokussiert für mentale und dann tatsächliche Ordnung sorgen.

Der rote Faden zum Markensieger

Damit ist Marke aber auch zentraler roter Faden von der Strategie bis hin zur Umsetzung. Mehr noch: Marke ist damit auch eine Art „Querschnittsmaterie", die jeden Unternehmensbereich betrifft und sich auch widerspiegeln sollte. So gesehen kann und sollte man aus Siegermarken-Sicht Branding als Unternehmensphilosophie und Konzept der strategischen und operativen Unternehmensführung verstehen. Marke ist damit immer auch Top-Management-Aufgabe.

Dabei sollten die Marken- und Unternehmensverantwortlichen unbedingt zwei Fehler oder Fallen im mentalen Kontext vermeiden. Der eine Fehler oder die eine Falle ist, dass man im mentalen Kontext die Bedeutung der eigenen Marke überschätzt und den Mitbewerb unterschätzt. Das führt nicht nur zu Arroganz, sondern leider immer wieder auch zu fatalen Fehlentscheidungen. Der andere Fehler oder die andere Falle ist, dass man im mentalen Kontext den Faktor Zeit falsch einschätzt, vor allem aber, dass man so die Wichtigkeit der kumulativen Wirkung einer Marke für den kurz- und langfristigen Erfolg unterschätzt.

So gesehen kann man Markenführung auch als mentalen Kampf um die Gunst der Kunden definieren. Zwei Fragen dazu an Sie:

(1) Besitzt Ihre Marke im Sinne des Siegermarken-Konzepts die stärkstmögliche Position in der Wahrnehmung der Kunden?

(2) Und wird diese Position im Sinne des Siegermarken-Konzepts Tag für Tag bestmöglich fokussiert umgesetzt?

Die Antworten auf diese beiden Fragen können den einen großen Unterschied zwischen Siegermarke und Verlierermarke ausmachen. Stellen Sie also sicher, dass Ihre Marke zur Siegermarke und damit zum Markensieger wird, und überlassen Sie das unprofilierte Mittelfeld getrost anderen!

Verwendete und weiterführende Literatur

Brandtner, Michael: Brandtner on Branding, Styria Printshop 2006

Brandtner, Michael: Markenpositionierung im 21. Jahrhundert, Linde Corporate 2019

Brandtner, Michael: Radikale Markenfokussierung, Linde Corporate 2021

Cialdini, Robert: Influence, HarperCollins 2023

Domizlaff, Hans: Die Gewinnung des öffentlichen Vertrauens, Marketing-Journal 1992

Drucker, Peter: Die Praxis des Managements, Econ 1956

Gladwell, Malcolm: The Tipping Point: How Little Things Can Make a Big Difference, Little, Brown and Company 2000

Haller, Peter und Twardawa, Wolfgang: Die Zukunft der Marke, Springer-Gabler 2014

Kahneman, Daniel: Schnelles Denken, Langsames Denken, Penguin 2011

Kilian, Karsten: Marken erfolgreich managen, Kohlhammer 2024

Kilian, Karsten: Marke machen! Rheinwerk 2023

Kölsch, Stefan: Die dunkle Seite des Gehirns, Ullstein Extra, 2022

Korte, Martin: Wir sind Gedächtnis, Pantheon 2017

Ries, Al: Focus: The Future of Your Company Depends on It, HarperBusiness 1996

Ries, Al and Ries, Laura: Positioning in The 21 Century, unveröffentlichtes Manuskript 2019

Ries, Al and Ries, Laura: The Fall of Advertising and The Rise of PR, HarperBusiness 2002

Ries, Al and Ries, Laura: The 22 Immutable Laws of Branding, HarperBusiness 2002

Ries, Al and Ries, Laura: War in The Boardroom, Collins Business 2009

Ries, Al and Trout, Jack: Positioning: The Battle for Your Mind, The 20th Anniversary Edition, McGraw-Hill, 1981, 2001

Ries, Laura: Battle Cry, 2015

Ries, Laura: Visual Hammer, 2015

Scheier, Christian und Held, Dirk: Was Marken erfolgreich macht, Haufe 2012

Schwartz, Barry: The Paradox of Choice: Why Less is More, Harper 2004

Simon, Hermann: Confessions of the Pricing Man, Springer 2015

Simon, Hermann: Die geheimen Weltmarktführer, Campus 1996

Simon, Hermann: Hidden Champions of the 21st Century, Springer 2009

Trout, Jack with Rivkin, Steve: Differentiate or Die Second Edition, Wiley 2008

Trout, Jack with Rivkin, Steve: Repositioning, McGraw-Hill 2010

Zhang, Simon: Category Creation, unveröffentlichtes Manuskript 2023